新一代信息软件技术丛书

成都中慧科技有限公司校企合作系列教材

殷锋社 罗云芳◉主 编

李俊成 蔡琼 卢建云◉副主编

Java 程序设计基础

Java Foundation of the Programming Design

人民邮电出版社

北京

图书在版编目（CIP）数据

Java程序设计基础 / 殷锋社，罗云芳主编. -- 北京：人民邮电出版社，2021.10

（新一代信息软件技术丛书）

ISBN 978-7-115-55785-8

Ⅰ. ①J… Ⅱ. ①殷… ②罗… Ⅲ. ①JAVA语言—程序设计—教材 Ⅳ. ①TP312.8

中国版本图书馆CIP数据核字(2020)第268233号

内 容 提 要

本书系统地介绍了 Java 语言及其程序设计，主要内容包括认识 Java、Java 基本语法、流程控制、数组、方法、面向对象编程、深入类、接口和内部类、常用类及学生信息管理系统。本书所有知识点都结合具体实例进行介绍，既注重理论知识，又强调实际应用，从实用的角度精心设计知识结构和代码示例，同时配有相关习题。

本书可作为普通高等院校本、专科计算机及相关专业 Java 程序设计课程的教材，也适合 Java 初学者及程序开发人员学习。

◆ 主　　编　殷锋社　罗云芳

副 主 编　李俊成　蔡　琼　卢建云

责任编辑　李　强

责任印制　陈　犇

◆ 人民邮电出版社出版发行　　北京市丰台区成寿寺路 11 号

邮编　100164　　电子邮件　315@ptpress.com.cn

网址　https://www.ptpress.com.cn

北京市艺辉印刷有限公司印刷

◆ 开本：787×1092　1/16

印张：13.5　　2021 年 10 月第 1 版

字数：373 千字　　2021 年 10 月北京第 1 次印刷

定价：59.80 元

读者服务热线：(010)81055493　印装质量热线：(010)81055316

反盗版热线：(010)81055315

广告经营许可证：京东市监广登字 20170147 号

前言 FOREWORD

Java 作为一种面向对象程序设计语言，自 1995 年被正式推出后，就以其独特的优势迅猛发展，经过二十余年的发展，成为迄今为止应用最广泛的程序设计语言之一。本书是 Java SE 编程的基础篇，适合所有具有 Java 编程基础的 Java 开发人员阅读。

本书的内容组织遵循工程教育理念，从培养读者能力入手来设计内容。大部分章末都配有相关习题，能够让读者边学习边练习。本书采用案例教学法和实践教学法，各章节都设计了大量的程序案例，通过案例讲解知识点，循序渐进地引导读者在程序开发实践中掌握相关的技能。本书基本结构与内容组织如下。

1．基本结构

本书共分 10 章，内容涵盖 Java 基础语法、面向对象编程基础、面向对象高级编程以及 Java 常用类库等方面的知识，不仅强调理论，同时也注重应用。

2．内容组织

第 1 章对 Java 进行了概述，介绍了 Java 的发展历史、Java 的版本及特点，然后介绍了 Java 开发环境的搭建，包括 JDK 的安装与配置及 Java 集成开发环境 Eclipse 的安装与启动，最后通过一个实例介绍了 Java 程序的组成、编写和运行原理。

第 2 章介绍了 Java 中的标识符、常量、变量、基本数据类型、运算符及表达式，同时介绍了字符串以及输入和输出数据。

第 3 章介绍了 Java 中的流程控制语句，包括 if 单分支、if-else 双分支、嵌套的 if 语句、switch 语句、while 语句、do-while 语句、for 语句、嵌套循环、break 语句、continue 语句及 return 语句。

第 4 章介绍了一维数组、foreach 循环、多维数组、Arrays 类及枚举类型。

第 5 章首先介绍了 Java 中方法的定义、调用、分类及参数值传递，然后介绍了数组作为方法的返回值和参数、方法的重载及可变长参数。

第 6 章是 Java 程序设计的核心，介绍了面向对象的基本概念、类与对象、构造方法、变量的作用域、this 和 static 关键字及面向对象编程实践。

第 7 章介绍了面向对象的高级特性，包括两种重用方式——继承和组合，同时介绍了包与访问控制修饰符、final 修饰符、抽象类和抽象方法、多态。

第 8 章首先详细介绍了接口的概念和基本特征、接口的定义及实现、接口和抽象类，然后介绍了内部类的概念、静态内部类、创建内部类、方法内部类和匿名内部类。

第 9 章对 Java 中提供的最常用的工具类进行了介绍，包括包装类、字符串类、Math 类及日期类。本章还对这些类的常用方法进行了归档总结，方便读者在使用时进行查阅。

第 10 章介绍了一个软件项目的完整开发过程——如何从最初的文字描述转化为最终的 Java 代码。

本书是由经验丰富的一线骨干教师编写的，他们不仅积累了丰富的 Java 教学经验，还参与过很多基于 Java 项目的开发，有丰富的实践经验。在长期的 Java 教学中，他们总结了一套行之有效的教学方法，并将这套教学方法的精髓及在开发教学课程中积累的丰富素材融入本书。

本书配备了丰富的教学资源，包括教学课件、教学视频、习题答案和源代码，读者可通过访问https://exl.ptpress.cn:8442/ex/l/adc84a76，或扫描下方二维码免费获取相关资源。

由于编者水平有限，书中难免有不妥和疏漏之处，恳请读者批评指正，并与编者讨论。

编者

2021 年 4 月

目录 CONTENTS

第 1 章

第 2 章

第6章

第7章

第 10 章

第 1 章 认识Java

01

内容导学

Java 语言是美国 Sun 公司于 1995 年推出的新型编程语言，用 Java 语言编写的程序可以在不同的平台上（操作系统不同，硬件环境也不同）运行。Java 语言可以编写单机下运行的应用程序，也可以编写网络环境下运行的应用程序，因此，它的适用范围很广。本章首先介绍了 Java 的基本概念、发展历史、各个版本以及 Java 语言的特点；然后介绍了 Java 开发环境的搭建，包括 JDK 与 Eclipse 的安装；接着介绍了使用记事本和 Eclipse 编写 Java 程序的方法；最后介绍了 Java 程序的运行原理。

学习目标

① 了解 Java 的发展历史、各个版本、特点以及应用范围。
② 掌握 Java 开发环境的搭建方法。
③ 理解 Java 程序的运行原理。
④ 掌握使用 Eclipse 编写 Java 程序的方法。

1.1 Java 简介

Java 是一种面向对象编程语言，不仅吸收了 C++语言的各种优点，还摒弃了 C++中难以理解的多继承、指针等概念，因此，Java 语言具有功能强大和简单易用两个特征。Java 语言作为静态面向对象编程语言的代表，极好地实现了面向对象理论，允许程序员以优雅的思维方式进行复杂的编程。

1.1.1 Java 的起源

Java 语言是为了应对异构环境和网络环境下的软件开发而出现的，在异构环境中使用软件，要求程序必须具有良好的跨平台性，能够在不同的硬件和软件平台上运行。Internet 的兴起从根本上改变了计算机的处理方式，使原先孤立的 PC 连接在一起，这些软件运行环境的改变催生了 Java 语言。

20 世纪 90 年代，Sun Microsystems 公司（以下简称 Sun 公司）决定为消费类电子产品开发应用程序，其目的是通过 Internet 与家电进行交互，以便能对其进行远程控制。这个计划被命名为“Green Project”（绿色计划）。在实施计划的过程中，Sun 公司遇到一个棘手问题，即不同的消费电子产品所采用的处理芯片和操作系统各不相同，所以能否在不同的平台运行是“Green Project”成败的关键。当时流行的 C 与 C++对于编写消费类电子产品的应用程序来说过于复杂和庞大，项目组成员开发了一种新的编程语言，这种语言在跨平台性和安全性方面都能满足消费电子产品的要求。经过 18 个月的努力，“Green”小组终于开发出第一个版本，当时的项目负责人 James Gosling 在为这种语言取名时，向窗外望去，突然看到一棵翠绿的橡树，于是把这种新的语言命名为 Oak（橡树）语言。

Sun 公司给 Oak 注册时，发现 Oak 已被一家显卡制造商注册，因此，团队找到了一个新名字。这个名字是在很多成员常去的本地咖啡馆中杜撰出来的，还有一种比较可信的说法是这个名字是出于对咖啡的喜爱，所以以 Java 咖啡来命名。Java 是印度尼西亚爪哇岛的英文名称，爪哇岛因盛产咖啡而闻名。Java 语言中的许多库类名称，多与咖啡有关，如 JavaBeans（咖啡豆）、NetBeans（网络豆）以及 ObjectBeans（对象豆）等。Sun 和 Java 的标识也正是一杯正冒着热气的咖啡。

1.1.2 Java 的版本

Java 自诞生之后，共发布以下几个版本。

1995 年 5 月，Sun 公司正式发布 Java 产品，推出后，竞争对手比尔·盖茨评价说："Java 是很长时间以来最优秀的程序设计语言。"后来，微软公司推出与 Java 类似的 C#，C#在商业上未成功，但在 Internet 领域取得了巨大成功。

1996 年 2 月，Java1.0 版本诞生。

1997 年 2 月，Java1.0 升级为 1.1 版本。

1999 年 7 月，Java1.1 升级为 1.2 版本（改名为 Java2）。

2000 年 9 月，Java1.2 升级为 1.3 版本。

2001 年 7 月，Java1.3 升级为 1.4 版本，并形成了 Java 体系。

2004 年 9 月 30 日，J2SE1.5 发布，成为 Java 语言发展史上的又一里程碑。为了表示该版本的重要性，J2SE1.5 更名为 Java SE 5.0。

2005 年 6 月，JavaOne 大会召开，Sun 公司公开了 Java SE 6.0。此时，Java 的各种版本已经更名，以取消其中的数字"2"，J2EE 更名为 Java EE，J2SE 更名为 Java SE，J2ME 更名为 Java ME。

2009 年 4 月 7 日，Google App Engine 开始支持 Java。

2009 年 4 月 20 日，甲骨文公司（Oracle）以 74 亿美元收购 Sun 公司，获得了 Java 的版权。

2011 年 7 月 28 日，甲骨文公司发布 Java7.0 的正式版。

2014 年 3 月 19 日，甲骨文公司发布 Java8.0 的正式版。

目前，JDK 最新版本已达到 11，JDK9、JDK10 并不是长期服务版本（LTS）。JDK8 的停止更新时间为 2019 年 1 月，即到期后，甲骨文公司将不再提供补丁及其他的更新服务。

Java 适合团队开发，软件工程可以相对做到规范。由于 Java 语言本身的语法极其严格，因此，Java 语言无法写出结构混乱的程序。这将强迫程序员的代码软件结构具有规范性，这是一个很难比拟的优势。

Java 自面世后就非常流行，发展迅速，对 C++语言形成了有力冲击。Java 语言具有卓越的通用性、高效性、平台移植性和安全性，广泛应用于 PC、数据中心、游戏控制台、超级计算机、移动电话和互联网，同时拥有全球最大的开发者专业社群。在全球云计算和移动互联网的产业环境下，Java 语言拥有了显著优势和广阔前景。

1.1.3 Java 的特点

Java 语言的特点如下。

（1）跨平台（可移植、一次编写、到处运行）。简言之，跨平台的含义是使用 Java 语言开发应用，不需要为不同的平台开发不同的程序，只需要开发一套应用，就可以运行在不同的平台上。

（2）解释执行。解释执行的含义是，Java 程序编译之后，只是生成了 class 文件，称为字节码，并不是机器码。在执行时，JVM（Java 虚拟机）中的解释器会根据当前平台的特征，对 class 文件进行解释，生成符合当前规范的机器码，使程序得以运行。

（3）面向对象。Java 是一种面向对象语言，具备封装、继承、多态三大特征。

（4）自动垃圾回收。程序员无权回收内存。系统级线程跟踪每一个存储空间的分配情况，在 JVM

空闲周期，垃圾收集线程检查垃圾并释放其内存。

（5）稳健。Java 语言从编译到运行期，都有很多机制，如异常处理机制，以保证其程序的稳健性。

1.2 JDK 的安装与配置

在学习一门语言之前，首先需要把相应的开发环境搭建好。要编译和执行 Java 程序，Java 开发包（JDK，Java SE Development Kit）是必备的。

1.2.1 JDK 简介

（1）什么是 JDK。

JDK 是利用 Java 语言进行软件开发的基础，包括 Java 运行环境（Java Runtime Environment），一组建立、测试 Java 程序的实用程序，以及 Java 基础类库。Java 运行环境是可以运行、测试 Java 程序的平台，包括 Java 虚拟机、Java 平台核心类和支持文件。Java 类库包括语言结构类、基本图形类、网络类和文件 I/O 类。掌握 JDK 的安装与配置是学好 Java 语言的第一步，因为 Sun 公司使用 JDK 发布 Java 的各个版本。

（2）Java 虚拟机。

Java 语言最令人瞩目的特性是跨平台性，这一特性的基础是 Java 虚拟机（JVM，Java Virtual Machine），也叫运行时系统。Java 代码编译后生成的 class 文件不是可执行代码，而是字节码。字节码是经过高度优化的一系列指令序列。多数程序设计语言出于性能考虑，使用编译方式运行程序，即一次性编译生成可执行文件。而 Java 编译后生成的是字节码，最终由 JVM 解释并执行。Java 程序运行时，虚拟机逐一读取并翻译执行这些字节指令。程序解释执行要比编译执行慢，但是运行性能上的损失我们很难察觉到。

在任何平台上，只要运行了 Java 虚拟机，就可以运行 Java 程序。尽管不同平台上的虚拟机不一样，但是这些虚拟机解释执行 Java 字节码的方式是一样的，解释执行的结果也是一样的。假如 Java 程序编译成可执行代码，每个 Java 程序要为运行该程序的每种 CPU 准备一种版本，这就无法实现跨平台性，由此可见，解释执行字节码是创建可移植程序的最简单方法。

Java 解释执行也确保 Java 更加安全，因为每个 Java 程序的执行都处于 JVM 的控制下，JVM 可以防止程序中的恶意代码侵入系统。

（3）JDK 中最常用的工具。

javac：Java 语言编译器，能将 Java 源程序编译成 Java 字节码。

java：Java 字节码解释器，可以用来运行 Java 程序。

appletViewer：Java 小程序浏览工具，用于测试并运行 Java 小程序。

jar：可将多个文件合并为单个 jar 归档文件。将 applet 或应用程序的组件（class 文件、图像和声音）使用 jar 合并成单个归档文件时，可以用浏览器在一次 HTTP 传输过程中下载这些组件，而无须对每个组件都要求一个新连接。

javadoc：javadoc 是 Java API 文档生成器，可以从 Java 源文件生成帮助文档。javadoc 解析 Java 源文件中的声明和文档注释，并产生相应的 HTML 帮助页。

javah：javah 从 Java 类生成 C 语言头文件和 C 语言源文件，使 Java 和 C 代码可以进行交互。

javap：将字节码分解还原成源文件，显示类文件中的可访问功能和数据。

jdb：Java 调试器，可以逐行执行 Java 程序，设置断点和检查变量，是查找程序错误的有效工具。

（4）JDK 的版本。

JDK 一般有 3 种版本。

Java SE（J2SE）：标准版，是我们通常使用的一个版本，从 JDK 5.0 开始，改名为 Java SE。

Java EE（J2EE）：企业版，主流的企业级分布式平台开发应用程序，从 JDK 5.0 开始，改名为 Java EE。

Java ME（J2ME）：微型版，主要用于移动设备、嵌入式设备上的 Java 应用程序，从 JDK 5.0 开始，改名为 Java ME。

1.2.2 下载 JDK

JDK 可以在 Oracle 公司的官方网站中下载。下面以 JDK 8 为例，介绍 JDK 的下载，具体下载步骤如下。

（1）自 2019 年 10 月以后，若要下载 JDK，首先必须到 Oracle 公司的官方网站创建 Oracle 账号，创建账号并登录后，才可以进行下一步的下载工作。创建及登录 Oracle 账户如图 1-1 所示。

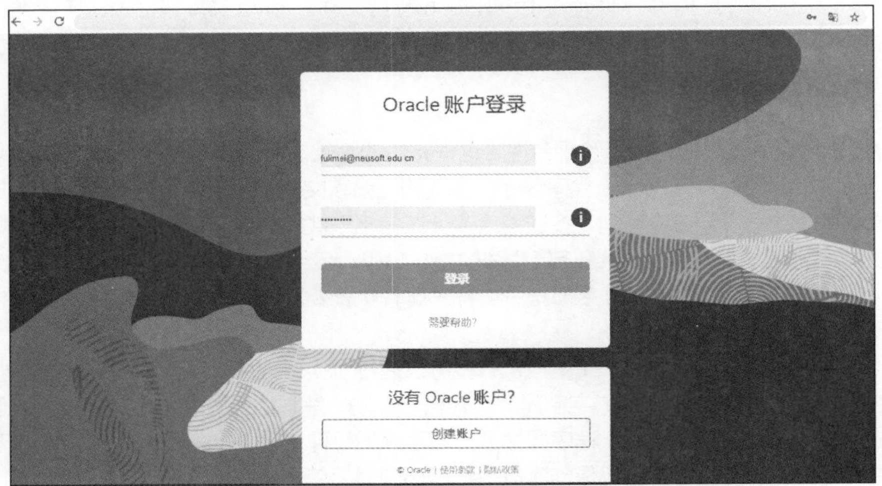

图 1-1 创建及登录 Oracle 账户

（2）在 Oracle 公司的官方网站打开下载地址界面，如图 1-2 所示。

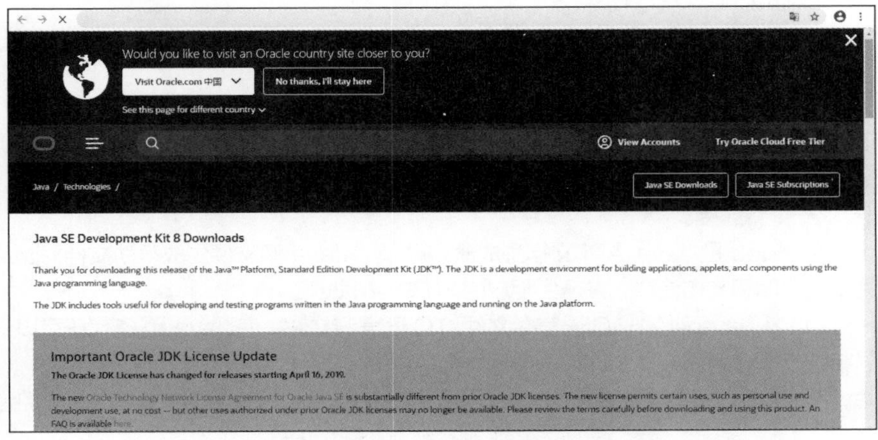

图 1-2 下载地址界面

（3）滑动鼠标到页面底端，出现如图 1-3 所示的选择系统对应版本的下载列表界面，选择对应的操作系统及机器位数进行下载。

Linux ARM 64 Hard Float ABI	69.83 MB	jdk-8u241-linux-arm64-vfp-hflt.tar.gz
Linux x86 RPM Package	171.28 MB	jdk-8u241-linux-i586.rpm
Linux x86 Compressed Archive	186.1 MB	jdk-8u241-linux-i586.tar.gz
Linux x64 RPM Package	170.65 MB	jdk-8u241-linux-x64.rpm
Linux x64 Compressed Archive	185.53 MB	jdk-8u241-linux-x64.tar.gz
macOS x64	254.06 MB	jdk-8u241-macosx-x64.dmg
Solaris SPARC 64-bit (SVR4 package)	133.01 MB	jdk-8u241-solaris-sparcv9.tar.Z
Solaris SPARC 64-bit	94.24 MB	jdk-8u241-solaris-sparcv9.tar.gz
Solaris x64 (SVR4 package)	133.8 MB	jdk-8u241-solaris-x64.tar.Z
Solaris x64	92.01 MB	jdk-8u241-solaris-x64.tar.gz
Windows x86	200.86 MB	jdk-8u241-windows-i586.exe
Windows x64	210.92 MB	jdk-8u241-windows-x64.exe

Java SE Development Kit 8u241 Demos and Samples Downloads

Demos and samples of common tasks and new functionality available on JDK 8. JavaFX 8 demos and samples are included in the JDK 8 Demos and Samples packages. The source code provided with demos and samples for the JDK is meant to illustrate the usage of a given feature or technique and has been deliberately simplified.

This software is licensed under the Oracle BSD License

图 1-3　JDK 下载列表界面

1.2.3　安装 JDK

JDK 安装包下载完成之后，双击安装包，如图 1-4 所示，开始安装。

jdk-8u73-windows-x64

图 1-4　JDK 安装包

（1）在出现如图 1-5 所示的欢迎界面中单击“下一步”按钮。

（2）出现定制安装界面，如图 1-6 所示，在此界面选择要安装的功能“开发工具”，单击“下一步”按钮。

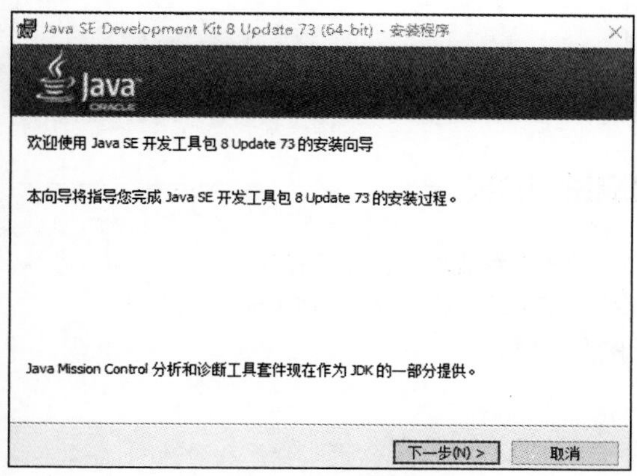

图 1-5　欢迎界面

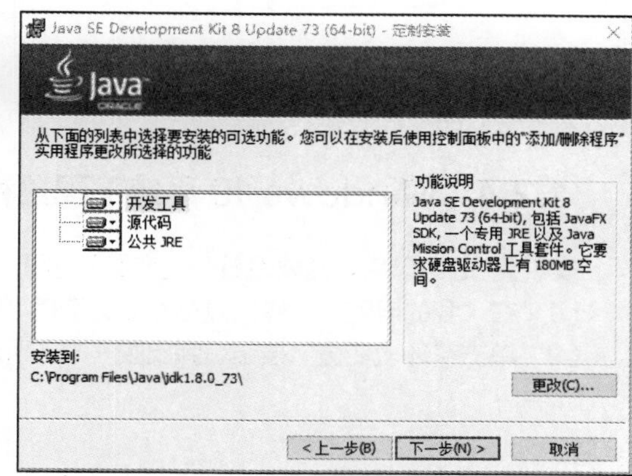

图 1-6　定制安装界面

（3）进入安装状态界面，如图 1-7 所示，在此界面等待一段时间。

（4）进入更改“目标文件夹”界面，如图 1-8 所示，单击“更改”按钮，可以更改安装路径，系统默认安装到 C 盘，这里选择默认设置。

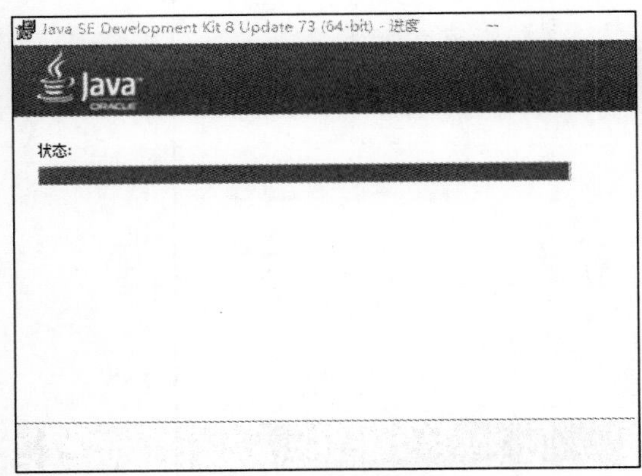

图 1-7　安装状态界面

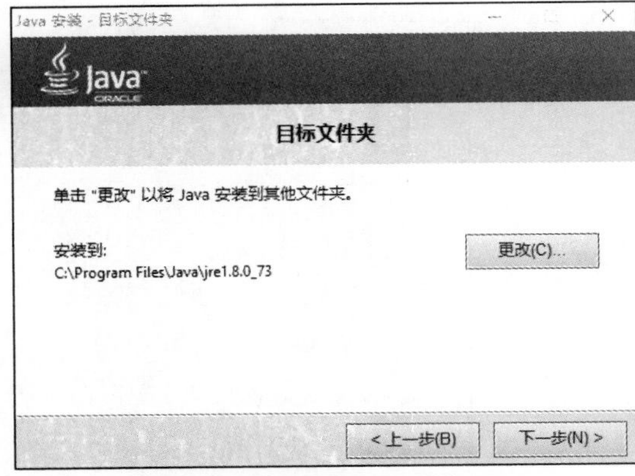

图 1-8　更改“目标文件夹”界面

（5）图 1-9 所示的安装进度界面显示了安装进度，同时可以看到，目前有 3 亿用户在使用 Java 工具的界面。

（6）等待一段时间后屏幕上出现图 1-10 所示的安装完成界面，单击“关闭”按钮完成 JDK 的安装。

图 1-9　安装进度界面

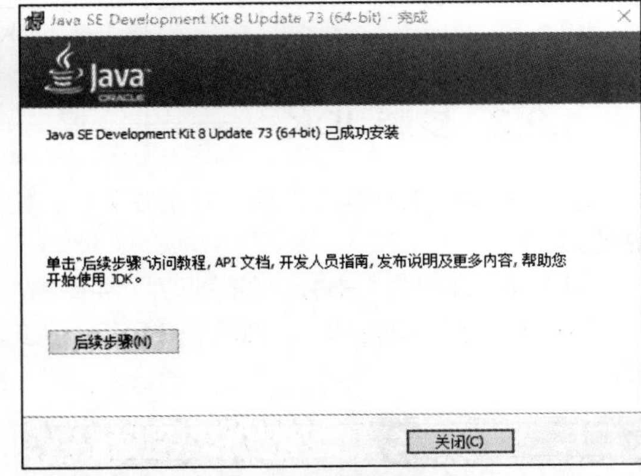

图 1-10　安装完成界面

1.2.4　Windows 10 系统下配置和测试 JDK

安装完 JDK 以后，需要设置环境变量及测试 JDK 配置是否成功，具体步骤如下。

（1）在“我的电脑”上单击鼠标右键，选择“属性”菜单项，弹出图 1-11 所示的对话框。

（2）单击“环境变量”按钮，弹出图 1-12 所示的对话框。

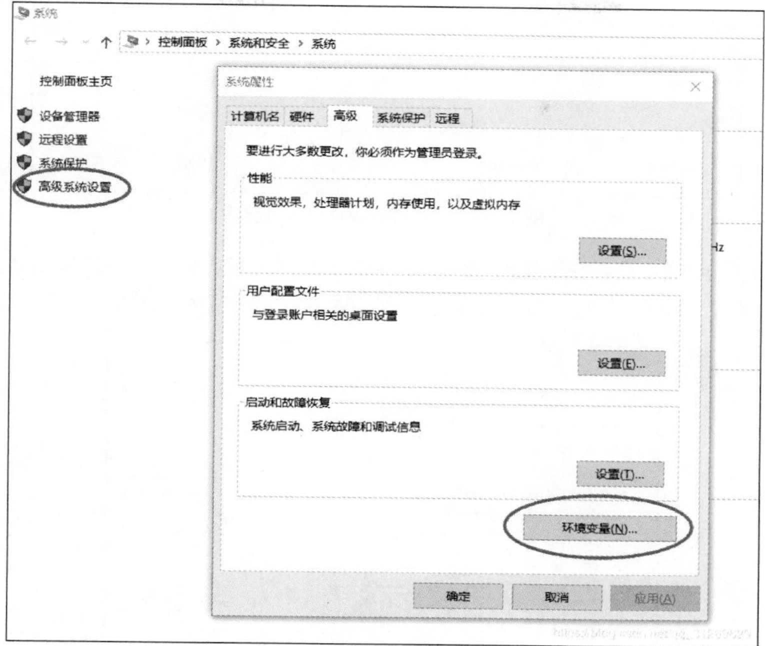

图 1-11 “系统属性”对话框

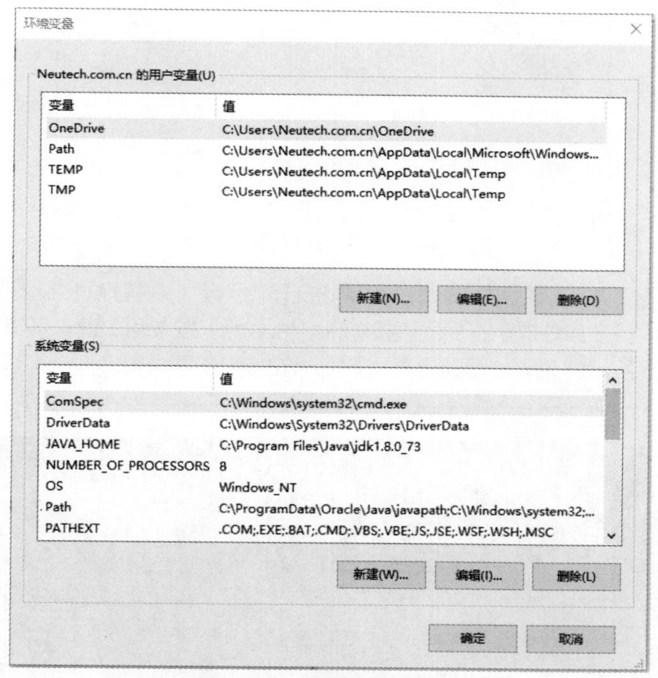

图 1-12 “环境变量”对话框

（3）单击“系统变量”区域中的“新建”按钮，将弹出图 1-13 所示的“新建系统变量”对话框。在该对话框中设置如下内容。

① 变量名：JAVA_HOME。

② 变量值：C:\Program Files\Java\jdk1.8.0_73（你的 JDK 安装路径）。

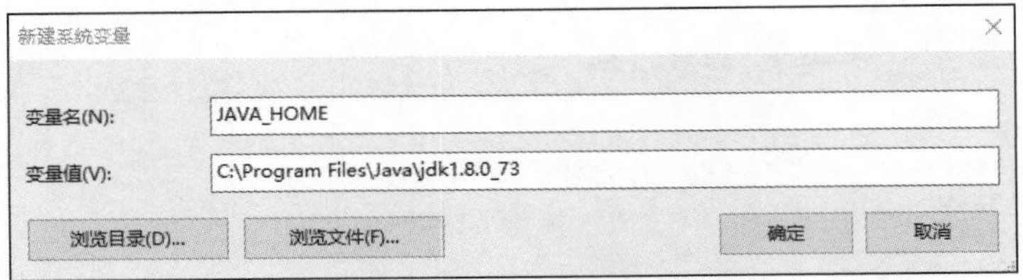

图 1-13　“新建系统变量”对话框

（4）修改 Path 变量：在系统变量区域，找到 Path 变量，双击打开“编辑环境变量”对话框，如图 1-14 所示，单击“新建”按钮，添加变量值“%JAVA_HOME%\bin”。

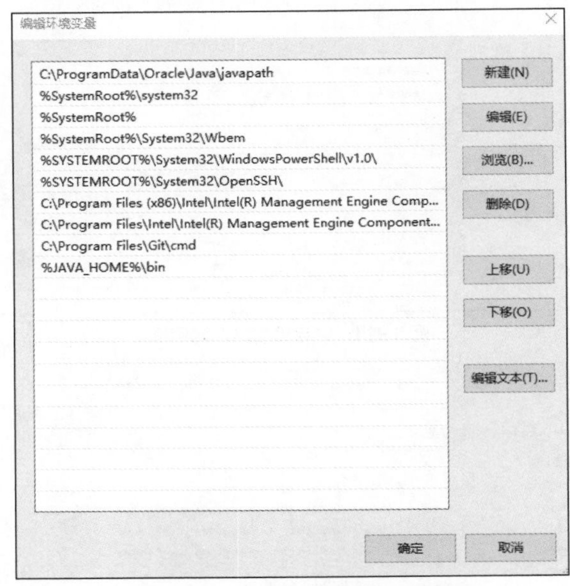

图 1-14　“编辑环境变量”对话框

（5）检验是否配置成功，右键单击“开始”菜单，打开“运行”，在打开的“运行”窗口中输入“cmd”命令，进入 DOS 环境，在命令提示符后面直接输入“javac”，按下回车键，系统会出现 javac 的帮助信息，若出现图 1-15 所示的 javac 帮助信息，则说明安装和配置成功。

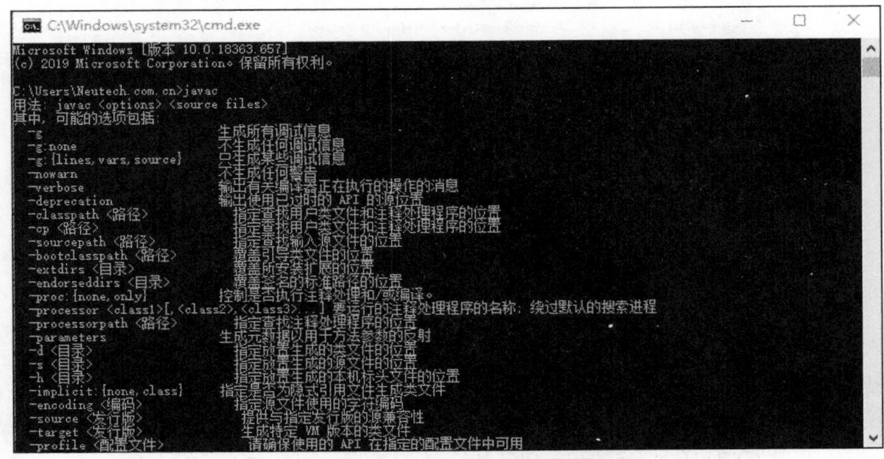

图 1-15　测试 JDK 安装和配置成功

1.3 Eclipse 的安装与启动

Eclipse 是一种替代 IBM Visual Age for Java 可扩展的开放源代码 IDE（集成开发环境），由 IBM 出资组建。很多用户愿意将它理解成专门开发 Java 程序的 IDE，但根据 Eclipse 的体系结构，通过开发插件，它能扩展到任何语言的开发。由于 Eclipse 是一个开放源代码的项目，因此，任何人都可以下载 Eclipse 的源代码，并且在此基础上开发自己的功能插件。Eclipse 框架灵活、容易扩展，因此，很受开发人员的喜爱，目前它的支持者越来越多，它也成为 Java 语言最主要的开发工具之一。

1.3.1 Eclipse 下载

图 1-16 所示为 Eclipse 的下载界面，单击即可下载，下载时注意 Eclipse 的操作系统版本和机器位数的选择。

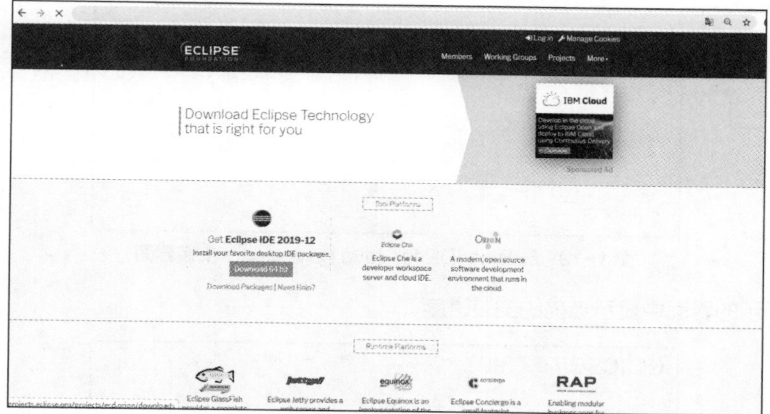

图 1-16　Eclipse 的下载界面

1.3.2 Eclipse 的安装

下载后双击可执行文件，如图 1-17 所示。

在弹出的图 1-18 所示的界面中双击第一个选项。

eclipse-inst-win64

图 1-17　Eclipse 可执行文件

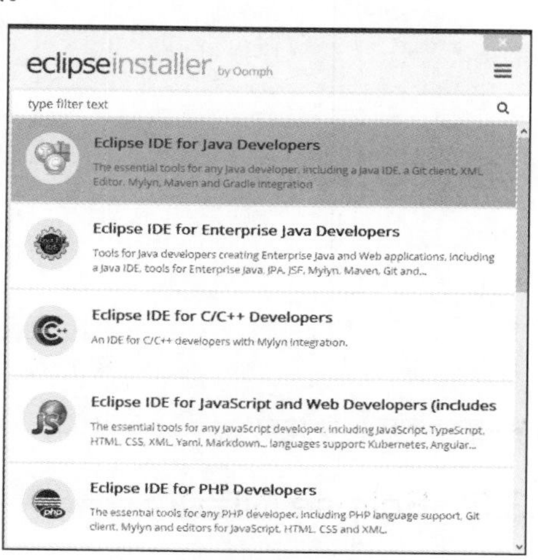

图 1-18　选择安装版本界面

在弹出的图 1-19 所示的安装界面中，单击图中的“INSTALL”按钮开始安装，默认选择“开始”菜单，在桌面上创建快捷方式。

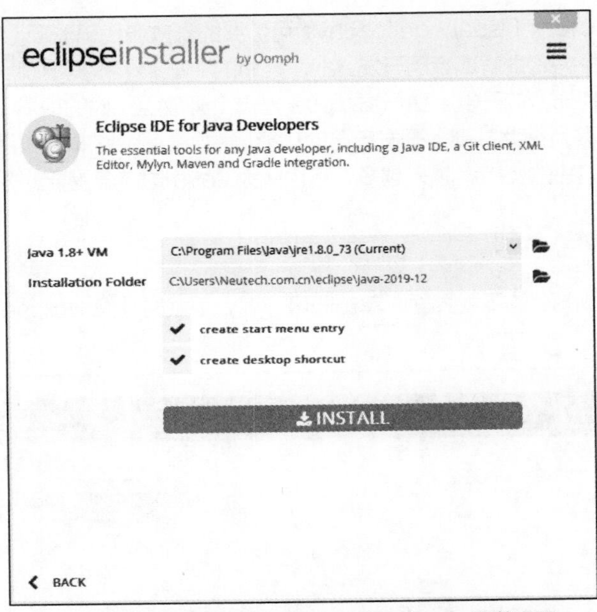

图 1-19　Eclipse IDE for Java Developers 安装界面

图 1-20 所示的界面中显示当前的安装进度。

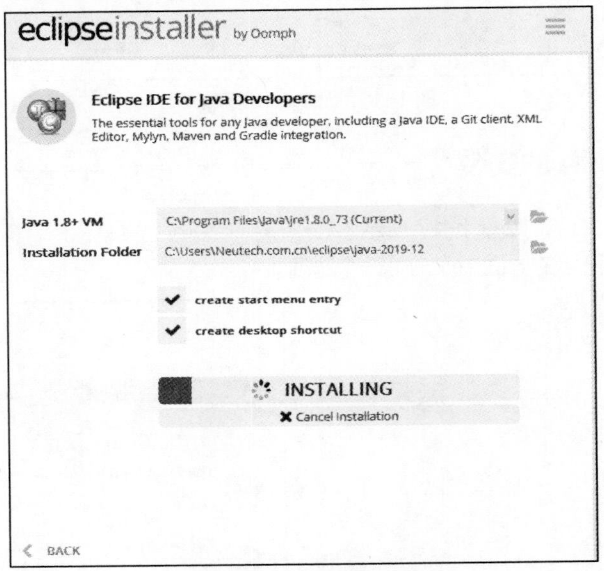

图 1-20　安装进度界面

等待一段时间后，安装完成。

1.3.3　Eclipse 的启动

安装完成后，双击桌面上的快捷图标启动 Eclipse，第一次启动时会出现图 1-21 所示的界面，需要在此处设置 Eclipse 的工作区，选中对话框下面的复选框，以后启动时会跳过设置工作区界面。单击对话框中的“Launch”按钮，启动 Eclipse。

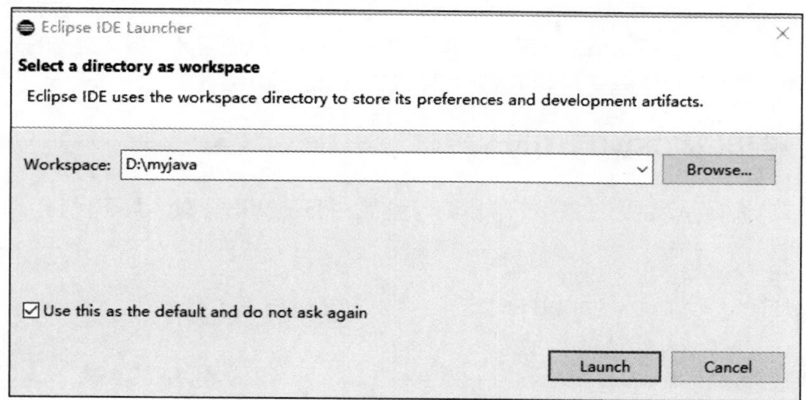

图 1-21　设置工作区界面

Eclipse 的初始界面如图 1-22 所示，单击窗口左边的“Create a Java project”即可创建一个 Java 工程“HelloWorld”。

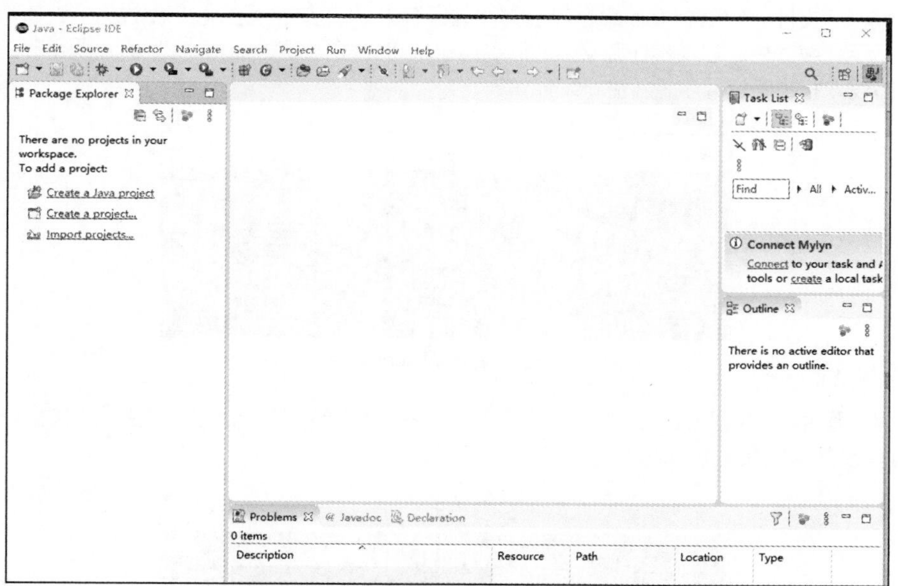

图 1-22　Eclipse 的初始界面

创建好“HelloWorld”工程以后，在 src 上单击，在弹出的菜单中选择 New-Class，即可以创建一个名为 HelloWorld 的 Java 类，如图 1-23 所示，Java 代码就写在所创建的类中。

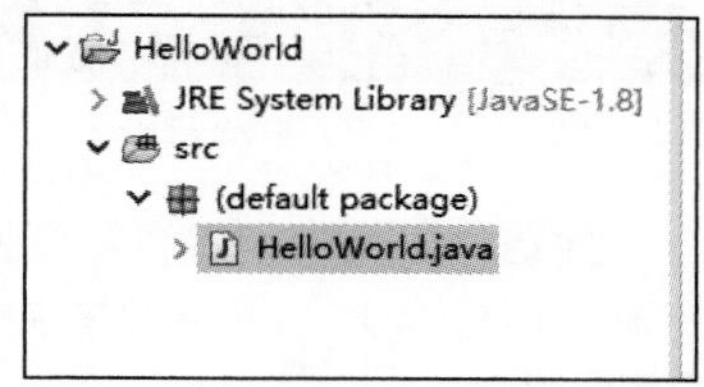

图 1-23　创建好工程和类以后的界面

1.4 第一个 Java 程序

环境搭建好后，就可以开始编写程序了，编写 Java 程序可以使用像记事本这样的文本编辑器，也可以使用一些集成开发环境来编写，下面就这两种方式分别进行介绍。

1.4.1 使用记事本编写 Java 程序

（1）最简单的编辑程序的方式是用记事本编写程序。打开记事本，输入如下代码。

```
public class Welcome{
  public static void main(String[] args)
  {
    System.out.println("Hello World!");
  }
}
```

（2）输写完成后，保存文件，将文件命名为 Welcome.java，保存类型为所有文件。

（3）编译源文件。使用 javac 命令对源文件进行编译。在控制台上输入 javac Welcom.java，如图 1-24 所示，编译后注意观察在源文件的同级目录下将生成一个 Welcome.class 的字节码文件。如果编译有错误，修改源文件后重新进行编译。

```
C:\Windows\system32\cmd.exe
Microsoft Windows [版本 10.0.18363.657]
(c) 2019 Microsoft Corporation。保留所有权利。

C:\Users\Neutech.com.cn>d:

D:\>javac Welcome.java

D:\>
```

图 1-24　编译 Welcome.java

（4）运行程序。使用 java 命令执行 Java 程序。在控制台输入 java Welcome，控制台上将显示“Hello World!”，效果如图 1-25 所示。

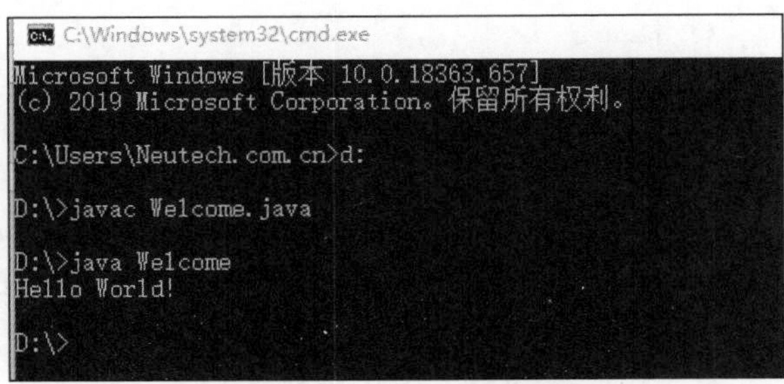

图 1-25　运行 Java 程序

程序分析：作为面向对象的语言，Java 要求所有的变量和方法都必须封装在类（Class）或接口（Interface）中。类是 Java 程序的基础，所有的 Java 程序都是由类组成的，Java 程序至少包含一个类，每个类从声明开始，定义自己的数据和方法。

整个类定义由大括号括起来。在该类中定义了一个 public static void main(String[] args)方法，其中 public 表示访问权限，表明所有的类都可以使用这一方法；static 指明该方法是一个类方法，它可以通过类名直接调用；void 则指明 main()方法不返回任何值。main()是一个特殊的方法，它是每一个应用程序所必需的，是应用程序解释执行的入口。Java 程序中可以定义多个类，每个类中可以定义多个方法，但是最多只能有一个公共类。main()方法的头格式是确定不变的，必须带有字符串数组类型的参数，但参数名可以任意。public static void main(String[] args)中：

main()方法的参数是一个字符串数组 args，虽然在本程序中没有用到，但是必须列出来。

main()方法中只有一行语句：System.out.println("Hello World!")，它的作用是向控制台输出字符串"Hello World!"。

Java 源程序文件都保存在以 java 为扩展名的文件当中。如果类被 public 修饰，则这个源程序文件的名字必须和该类的类名一致（包括大小写在内），如果类没有被 public 修饰，则无此限制。这个程序的公共类的名字是 Welcome，所以源程序文件的名字必须是 Welcome.java，否则，在使用 javac 进行编译时，就会发生错误。

1.4.2 使用 Eclipse 编写 Java 程序

（1）创建工作空间，即 workspace。
（2）选择适合的 Perspective，如 Java Perspective。
（3）创建 Java Project，命名为 HelloWorld。
（4）在 src 目录下创建 Java Class，命名为 HelloWorld，创建时选择 main()方法。
（5）在类中编写如下代码。

```
public class Welcome{
   public static void main(String[] args)
   {
      System.out.println("HelloWorld!");
   }
}
```

（6）运行有 main()方法的 Java 类，在 Console（控制台）视图中查看结果，如图 1-26 所示。

```
Problems  Console ☒  Servers
&lt;terminated&gt; HelloWorld (2) [Java Application] C:\Program Files\Java\jdk1.8.0_73\bin\javaw.exe (2018年12月4日 上午9:04:00)
HelloWorld!
```

图 1-26　运行结果

注意

（1）Java 的源文件均为 java 文件。
（2）一个 java 文件中可以有多个类，但是通常建议为一个。
（3）java 文件名必须与 public 类名同名，如果类不是 public，文件名可以不与类名相同，但是不建议如此。
（4）一个 Java 类如果需要运行，必须有符合规范的 main()方法，即 public static void 修饰的 main()方法，参数为 String[]。

1.5 Java 的运行原理

Java 程序不必重新编译就能在各种平台上运行，具有很强的可移植性。网络上有各种不同类型的主机和操作系统，为使 Java 程序能在网络的任何地方运行，Java 源程序被编译成一种在高层上与机器无关的 Byte-code（字节码）。这种字节码被设计在虚拟机上运行，由机器相关的解释程序执行。只要在处理器和操作系统安装 Java 运行环境，字节码文件就可以在该计算机上运行。

运行 Java 字节码需要解释程序将字节码翻译成目标机上的机器语言，Java 字节码的执行原理如图 1-27 所示。

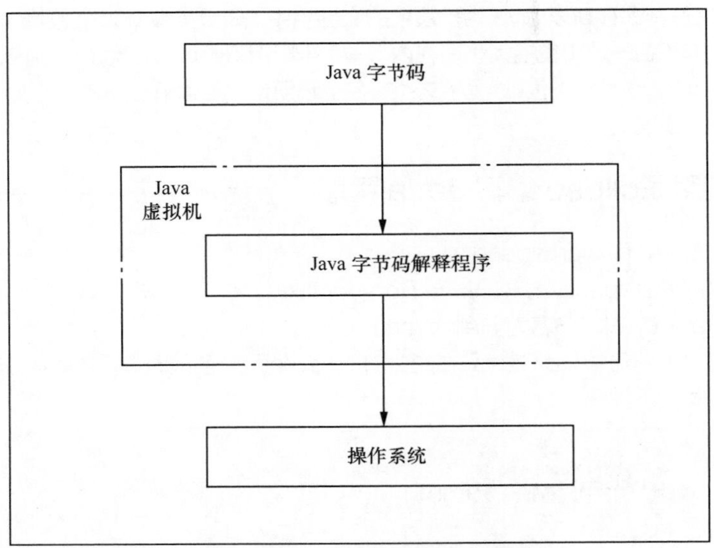

图 1-27　Java 字节码的执行原理

通过图 1-27 可以看出，字节码是在 Java 虚拟机上运行的，所以它的运行速度总是比 C 和 C++ 这类编译语言稍慢，但 Java 的速度已经能够满足大多数应用程序的要求，尤其是随着 CPU 速度的不断提高，这种运行速度上的差异变得不再重要，用户更看重 Java 语言具有的其他良好特性，尤其是 Java 的即时编译（JIT，Just In Time）技术，这种技术能在一定程度上提升 Java 程序的执行速度，下面介绍 Java 程序的编辑、编译和执行过程。

（1）编辑代码。

由于 Java 源程序就是文本文件，所以可以用任何文本编辑工具进行编辑。最简单的是 Windows 操作系统自带的记事本，当然也可以使用像 UltraEdit 这样的编辑工具。

（2）Java 程序的编译。

Java 程序的编译是由编译器 javac.exe 完成的。javac 命令将 Java 源程序编译成字节码，然后可以用 java 命令来解释执行这些 Java 字节码。Java 源程序必须存放在扩展名为.java 的文件中。对于 Java 程序中的每一个类，javac 都将生成一个文件名与类名相同、扩展名为.class 的文件。默认编译器会把 class 文件放在 Java 文件的同一个目录下。

javac 命令的用法：javac　[选项]　Java 源文件名

例如，源文件为 Welcome.java，我们需要在命令提示符下输入如下命令。

```
javac Welcome.java
```

（3）Java 程序的执行。

Java 程序的执行是由解释器 java.exe 完成的。

java 命令的用法：java [选项] classname [参数列表]

java 命令执行由 javac 命令输出的 Java 字节码文件，classname 是将要执行的类名。在类名称后的参数都将传递给要执行类的 main()方法。

例如，我们要执行 Welcome.class 字节码文件，需要在命令提示符下输入如下命令。

```
java Welcome
```

Java 应用程序的编辑、编译和执行过程如图 1-28 所示。

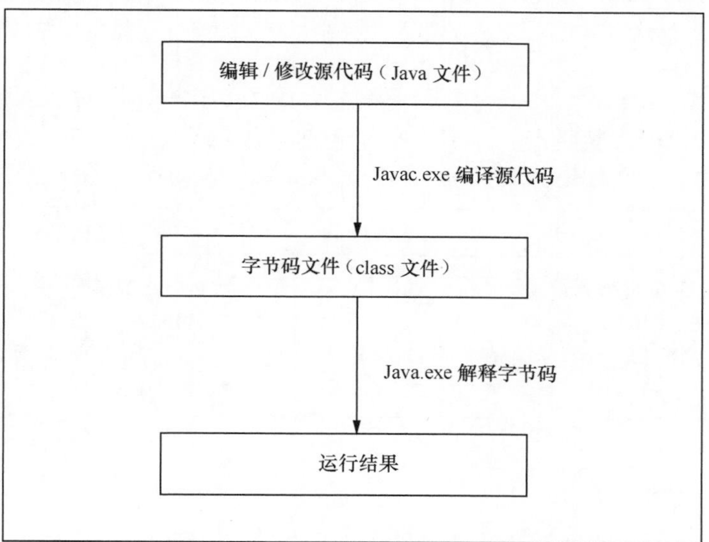

图 1-28 Java 应用程序的编辑、编译和执行过程

注意 （1）classname 不包括扩展名，例如，要使用 Java 程序运行 Welcome.class，则在命令行输入 java Welcome 即可，如果输入 java Welcome.class，则会发生错误。
（2）如果源程序有语法错误，在编译时就会提示语法错误，必须修改程序，并重新编译，才能生成 class 文件。
（3）Java 语言是区分大小写的，例如，关键字 public 如果写成 Public，则在编译时就会提示语法错误，Java 的文件名也是区分大小写的。

1.6 本章习题

1. Java 语言都有哪些版本？
2. 请说明 JDK 的运行原理。
3. 设置环境变量 path、classpath、java_home，并编写打印输出 Hello World 程序，要求为类、方法、语句添加注释。

第 2 章 Java基本语法

02

内容导学

和用其他语言编写的程序相同，Java 程序也是由多个文件组成的，每个文件又由很多的代码组成，每行代码由一些基本符号组成。本章讨论组成 Java 程序的相关符号，介绍 Java 语言的标识符、常量、变量、基本数据类型、运算符及表达式、字符串及输入和输出各种类型的数据。学完本章，读者将会了解到 Java 语言中都有哪些数据类型，各种数据类型的取值范围是什么，占用多少内存，如何在编写程序时选择正确的数据类型，如何使用各种运算符构建表达式，如何对各种数据类型进行输入/输出。

学习目标

① 掌握 Java 语言中基本数据类型的用法、变量和常量的定义方式。
② 掌握 Java 语言中的运算符，能够使用各种运算符构建表达式。
③ 掌握 Java 语言中字符串的基本概念及字符串+运算。
④ 掌握从控制台读取各种数据的方法。
⑤ 掌握输出各种类型数据到控制台的方法。

2.1 标识符

在计算机编程语言中，标识符是用户编程时使用的名字，用于给变量、常量、方法、语句块等命名。

2.1.1 标识符定义

Java 语言中，变量、常量、函数、语句块等统称为 Java 标识符。标识符是用来给类、对象、方法、变量、接口和自定义数据类型命名的。

2.1.2 标识符命名规则

Java 标识符由数字、字母和下划线（_）、美元符号（$）或人民币符号（¥）组成。在 Java 语言中是区分大小写的，而且还要求首位不能是数字。最重要的是，Java 关键字不能当作 Java 标识符。

下面的标识符是合法的。

myName、My_name、Points、$points、_sys_ta、OK、_23b、_3_

下面的标识符是非法的。

#name、25name、class、&time、if

Java 常用的关键字见表 2-1。

表 2-1 Java 常用的关键字

abstract	assert	boolean	break	byte	continue
case	catch	char	class	const	double
default	do	extends	else	final	float
for	goto	long	if	implements	import
native	new	null	instanceof	int	interface
package	private	protected	public	return	short
static	strictfp	super	switch	synchronized	this
while	void	throw	throws	transient	try
volatile	enum				

2.1.3 命名约定

风格优美的程序读起来就像一篇流畅的文章，清晰易懂又给人以美感。命名方式对程序的风格而言至关重要。在 Java 的官方标准中，Camel 命名法被作为主要命名法，Camel 命名法也叫驼峰命名法。顾名思义，就是开头单词小写，后面单词首字母大写。这样两边低中间高，看起来像驼峰，因此得名。如果标识符只有一个单词，就全部使用小写。Camel 命名法不添加表示类型的前缀。Java 的所有库函数均采用 Camel 命名法。在.Net 的技术标准中，推荐对变量使用 Camel 命名法，而对方法名和类名使用 Pascal 命名法，具体规则如下。

（1）类和接口名。每个单词的首字母大写，含大小写，如 MyClass、HelloWorld、Time 等。

（2）方法名。单词首字母小写，其余单词的首字母大写，含大小写。尽量少用下划线，如 myName、setTime 等。

（3）常量名。基本数据类型的常量名全部使用大写字母，单词与单词之间用下划线分隔。对象常量可大小混写，如 SIZE_NAME。

（4）变量名。可大小混写，首字母小写，其余每个单词的首字母大写。不用下划线，少用美元符号。为变量命名时尽量做到见名知义。

Camel 命名法的举例如下。

getName：返回姓名的函数。

setAge：设置年龄的函数。

2.2 常量

常量的值在程序运行过程中始终保持不变，声明常量的格式如下。

```
final 数据类型 常量名=值;
```

常量只能赋值一次，为了与变量名区别，习惯上常量名中的字母全部为大写字母。例如：

```
final double PI=3.1415926;
```

如果程序中多次用到某个值，可以将其定义成常量。这样，一方面避免了反复键入同一个值；另一方面一旦这个值发生改变，只需要在同一个地方进行更改。Java 语言中的常量分为以下几种。

2.2.1 数字常量

数字常量是由 0~9 这 10 个符号组成的数字序列，用于表示数字，可以使用负号“-”和数字一起表示负数，如 123、35、-222 等。

在 Java 语言中不仅可以用十进制来表示整数，还可以用八进制和十六进制来表示整数。如果以 0 为前缀，则表示八进制的整数，例如，015 表示 13，而不是 15。如果整数以 0X 或 0x 为前缀，则表示十六进制的整数，例如，0x15 表示 21，而不是 15。

表示小数可以使用“.”分隔符，例如，9.3、10.2 等。整数部分如果是 0，可以省略，例如，“0.5”也可以写成“.5”。

2.2.2 字符常量

Java 语言中的字符采用 Unicode 编码方式。Unicode 编码字符是用 16 位无符号整数表示的，可以表示目前世界上的大部分文字语言中的字符。

Java 语言中的字符常量是使用单引号括起来的单个字符，如‘a’。字符常量可以是数字，例如，‘0’不表示数字 0，而表示字符“0”。因为 Java 语言中使用 Unicode 编码，所以字符常量可以用于表示一个汉字，例如‘中’。

2.2.3 字符串常量

字符串常量是使用双引号括起来的字符序列，如“Hello，字符串”，即使双引号中只有一个字符也是字符串常量。

2.2.4 布尔常量

布尔类型的常量有两个：true 和 false。true 表示“真”，false 表示“假”。

Java 程序中，直接出现的常量值称为字面值（Literal Value）。例如，下列赋值语句的表达式全部使用字面值。

```
int n=100;
double d=5.88;
boolean b=true;
```

其中，100 是 int 型字面值，5.88 是 double 型字面值，true 是 boolean 型字面值。字符型字面值是单引号中的单个字符，字符串字面值是包含在双引号中的一串字符。

2.3 变量

变量主要用于保存输入、输出和程序运行过程中的中间数据。在 Java 语言中，每一个变量都属于某种类型。要使用变量，需要首先声明变量，指定变量的名称和类型。声明了变量之后，可以在变量中存取对应类型的数据。

2.3.1 声明变量

在声明变量时，变量所属的类型位于前面，随后是变量名，格式如下。

```
变量类型    变量名
```

下面是声明变量的程序代码。

```
int age;
double salary;
String name;
```

上面的例子声明了 3 个变量，变量类型分别为 int、double 和 String，变量名分别为 age、salary 和 name。注意，在 Java 程序中，声明变量是一条完整的语句，每一个声明语句后面都要有分号，也可以在一行语句中同时声明多个变量。

```
int x,y;
```

为了提高程序的可读性，尽量逐行声明变量，这样，程序结构较清晰。

2.3.2 初始化变量

声明一个变量后，要想在程序中使用该变量，必须通过赋值对其进行初始化。变量的数据类型必须与赋给它的数值数据类型相匹配，如下。

```
int age;
age=20;
System.out.println(age);
```

这样，在屏幕上将打印变量 age 的值 20，也可以将变量的声明和赋值写在一条语句中，如下。

```
int age=20;
System.out.println(age);
```

2.4 基本数据类型

Java 是严格区分数据类型的语言，代码中使用的任一变量都必须声明数据类型。数据类型说明了变量、常量或表达式的性质。Java 数据类型可以分为以下几种。

（1）基本数据类型，包括整型、浮点型、布尔型和字符型。

（2）数组类型，包括一维数组和多维数组。

（3）复合类型，包括类、接口。

Java 语言有 8 种基本数据类型，各种基本数据类型在内存中占用的位数和表示的范围见表 2-2。

表 2-2　Java 语言的基本数据类型

基本数据类型	位数	表示范围
byte	8 位	−128 ~ 127
short	16 位	$-2^{15} \sim 2^{15}-1$
int	32 位	$-2^{31} \sim 2^{31}-1$
long	64 位	$-2^{63} \sim 2^{63}-1$
float	32 位	−3.4028235E+38 ~ 3.4028235E+38

续表

基本数据类型	位数	表示范围
double	64 位	–1.7976931348623157E+308 ~ 1.7976931348623157E+308
char	16 位	采用 Unicode 编码，可以表示中文
boolean		值只能为 true 或者 false

2.4.1 整型数据

从表 2-2 可以看出，所有整数类型都有正负之分，Java 语言不支持无符号整数。最常用的整数类型是 int。默认情况下，整数字面值是 int 类型，例如，10、-101 都是 int 型，当整数范围超过 int 时，就要使用 long，如果要指定 long 型的整数字面值，必须在数值的后面加大写字母 L 或小写字母 l。除了日常生活中使用的十进制外，Java 语言中的整数字面值也可以采用八进制或十六进制来表示。八进制数使用数字 0~7 表示，以 0 为前缀，如 015。十六进制数用 0~9 加大写或小写字母 A~F 表示，以 0x 或 0X 为前缀，如 0xF8。

【例 2-1】整型及其字面值。编写程序，分别把十进制、八进制和十六进制字面值赋给 int 和 long 型变量，并输出这些变量的十进制值。

```
public class Example2_1 {

    public static void main(String[] args) {
        int a=56;
        int b=073;
        int c=0xa38f;
        long d=8890L;
        long e=074620;
        long f=0x7D52ACB;
        System.out.println("a="+a);
        System.out.println("b="+b);
        System.out.println("c="+c);
        System.out.println("d="+d);
        System.out.println("e="+e);
        System.out.println("f="+f);

    }

}
```

运行结果如下。

```
a=56
b=59
c=41871
d=8890
e=31120
f=131410635
```

程序分析：八进制数以 0 开头，十六进制数以 0x 开头，它们直接赋给整型变量，整型变量的默认输出格式就是十进制。

2.4.2 浮点型数据

Java 浮点数表示实数。Java 语言中有两种类型的浮点数：单精度（float）和双精度（double）。最常用的是 double。默认情况下，浮点数字面值是 double 型，例如 0.2、-3.3 都是 double 型。如果要指定 float 型浮点数，必须在浮点数后面加后缀 f 或 F。例如，0.2f、-3.3F 是 float 型。

2.4.3 字符型数据

Java 的字符型用 char 表示。Java 使用 Unicode 字符集，char 型数据是无符号的 16 位类型。char 型字面值由一对单引号中的 Unicode 字符表示，例如 'A'、'5' 都是 char 型字面值。char 型字面值的另一种表示方法是使用字符的 Unicode 码。Unicode 码占两个字节，用\u 开头的 4 个十六进制数表示，例如，'\u0041' 表示 'A'。

有些字符已经有特殊意义，程序中不能直接使用。例如，单引号表示字符型字面值，双引号表示字符串字面值。为此 Java 语言提供了转义序列，代替它们所代表的字符。转义字符以“\”开头，见表 2-3。

表 2-3　Java 语言中的转义序列

转义序列	含义	Unicode 码
\n	换行	\u000A
\t	制表符	\u0009
\b	退格	\u0008
\r	回车	\u000D
\f	换页	\u000C
\\	反斜杠	\u005C
\'	单引号	\u0027
\"	双引号	\u0022

char 型数据可以与数值型数据实现相互转换，int 型数据转换成 char 型数据时只使用低 16 位，其余部分忽略。浮点型数据转换成 char 型数据时，首先将浮点值转换成 int 型，然后再转换成 char 型。char 型数据转换成数值类型时，这个字符的 Unicode 编码被转换成指定的数值类型。

【例 2-2】字符与数值类型之间的转换。编写程序，实现字符及 short、int、double 等数值类型之间的数据类型转换。

```
public class Example2_2 {

        public static void main(String[] args) {
                int a='\u008a';
                short b='a';
                char c=57006;
                char d=(int)27721.88;
                System.out.println("a="+a);
                System.out.println("b="+b);
                System.out.println("c="+c);
```

```
            System.out.println("d="+d);
        }
}
```

运行结果如下。

```
a=138
b=97
c=?
d=汉
```

程序分析：字符与数值类型之间的转换实际上是字符的 Unicode 码与数值类型之间的转换。

2.4.4 布尔型数据

布尔型用 boolean 表示，也称为逻辑型。布尔型的字面值只有两个：true 和 false。

2.5 数据类型转换

2.5.1 自动转换

在 Java 语言中，整型、浮点型、字符型被视为简单数据类型，这些类型由低级到高级分别为 byte、(short、char)、int、long、float、double。

自动转换不用任何特殊的说明，系统会自动将其转换为对应的类型。在 Java 语言中，低级的数值可以自动转换为高级的类型，转换实例如下。

```
byte b=27;
char c='a';
int i=b; //将 byte 转换为 int
short s=b; //将 byte 转换为 short
long l=c; //将 char 转换为 long
float f=50; //将 int 转换为 float
double d1=l; //将 long 转换为 double
double d2=f; //将 float 转换为 double
```

注意

如果低级类型为 char 型，向高级类型（整型）转换时，会转换为对应的 Unicode 码值。

```
char c='a';
int i=c;
System.out.println("output:" i);
```

输出：

```
output:97
```

2.5.2 强制类型转换

在 Java 语言中，有时需要将高级数据转换成低级类型，这种转换可通过强制类型转换完成。强制类型转换的语法格式如下。

```
目标变量 = (转换的目标类型)待转换的变量或数值;
```

例如：

```
float f = (float)10.1;
int i = (int)f;
```

注意

boolean 类型不能和任何数据类型进行类型转换。

2.5.3 运算过程中的类型转换

不同类型的数字进行运算的时候，系统会强制改变数据类型，如【例 2-3】所示。

【例 2-3】编写程序，定义两个字节变量且赋初始值，然后把两个字节变量的和赋给第 3 个字节变量，此程序因运算过程中类型转换导致出错。

```
public class Example2_3{
        public static void main(String[] args) {
                byte b1 = 3;
                byte b2 = 4;
                byte b3=b1+b2;
        }
}
```

程序在编译的时候会报下面的错误。

```
Exception in thread "main" java.lang.Error: Unresolved compilation problem: Type mismatch: cannot convert from int to byte at TypeConvert.main(TypeConvert.java:6)
```

程序分析：在执行 b1+b2 的时候，系统会把 b1 和 b2 的类型都转换成 int 类型然后计算，计算的结果也是 int 类型，所以把 int 类型赋值给 byte 类型，这时就产生错误了。

类型转换的基本规则如下。

（1）操作数中如果有 double 类型，则会转换成 double 类型。

（2）操作数中如果有 float 类型，则会转换成 float 类型。

（3）操作数中如果有 long 类型，则会转换成 long 类型。

（4）其他类型都会转换成 int 类型。

如何改正上面程序的错误呢？可以参考下面的代码。

【例 2-4】修改【例 2-3】的编译错误，使其可正常运行。

```
public class Example2_4  {
        public static void main(String[] args) {
                byte b1 = 3;
                byte b2 = 4;
                // 对计算结果进行强制转换
                byte b3 = (byte)(b1+b2);
        }
}
```

程序分析：当赋值语句左边的变量和右边的数据类型不匹配时，可以把右边的类型强制转换成左边的变量类型再赋值。

2.6 运算符及表达式

程序需要运算符提供运算功能，Java 语言提供了丰富的运算符，如算术运算符、比较运算符、逻辑运算符、位运算符等。Java 的表达式就是用运算符连接起来的符合 Java 规则的式子。运算符的优先级决定了表达式中运算执行的先后顺序。在编写程序时尽量使用括号“()”运算符来实现想要的运算次序，以免产生难以阅读或含糊不清的计算顺序。运算符的结合性决定了并列的相同级别运算符的先后顺序。

2.6.1 算术运算符

标准的算术运算符有+、-、*、/和%，分别表示加、减、乘、除和求余。另外“+”和“-”也可以作为单目运算符，表示“正”和“负”。

【例 2-5】编写程序，测试算术运算符的运算规则。

```
public class Example2_5 {
        public static void main(String[] args) {
                //定义整形变量 a、b，分别赋值 20 和 7
                int a=20;
                int b=7;
                //进行加、减、乘、除和求余运算
                int sum = a+b;
                int sub = a-b;
                int mul = a*b;
                int div = a/b;
                int res = a%b;
                //输出运算的结果
                System.out.println("a="+a+" b="+b);
                System.out.println("a+b="+sum);
                System.out.println("a-b="+sub);
                System.out.println("a*b="+mul);
                System.out.println("a/b="+div);
                System.out.println("a%b="+res);
```

```
        }
}
```

运行结果如下。

```
a=20   b=7
a+b=27
a-b=13
a*b=140
a/b=2
a%b=6
```

程序分析：在运算时注意“/”和“%”的运算规则，若参加运算的两个数值是整数，则“/”表示整除，结果是整数。例如，12/8 = 1，而不是 1.5。“%”运算在被除数比除数小的情况下结果就是被除数的值。

2.6.2 赋值运算符

赋值运算符的作用是先计算等号右边表达式的值，然后将计算结果赋给左边的变量。表达式也可以是一个变量或字面值。赋值运算符分为基本赋值运算符和复合赋值运算符。

1. 基本赋值运算符

“=”是赋值运算符，前面的很多例子都用到过。

用法：左边是变量，右边是表达式。

作用：把右边的表达式的值赋给左边的变量。

例如：

```
int a = 5;   //直接赋值
a = a+3;     //赋表达式
```

2. 复合赋值运算符

赋值运算符与其他运算符结合使用可完成赋值的功能，如【例 2-6】所示。

【例 2-6】复合赋值运算符使用的程序。编写程序，体验使用复合赋值运算符和不使用复合赋值运算符的区别。

```
public class Example2_6 {
        public static void main(String[] args) {
                //使用复合赋值表达式计算 a+3，并把结果赋值给 a
                int a = 3;
                a += 3;
                //不使用复合赋值表达式计算 b+3，并把结果赋值给 b
                int b = 3;
                b = b+3;
                //分别输出 a 和 b 的值
                System.out.println("a = "+a);
                System.out.println("b = "+b);
```

```
        }
}
```

运行结果如下。

```
a = 6
b = 6
```

程序分析：复合赋值运算符的基本格式为 a X= b;，“X”表示运算符，可以是各种运算符。它的作用是使用左值与右值进行基本的“X”运算，然后把运算的结果赋值给左值，相当于：a = aXb;。大部分的运算符都可以和赋值运算符结合使用构成复合赋值运算符。

2.6.3 比较运算符

比较（关系）运算符用于对两个值进行比较，其返回值为布尔类型。

比较运算符有>、>=、<、<=、==、!=，分别表示大于、大于等于、小于、小于等于、等于、不等于。

基本用法：exp1 X exp2

其中，exp1 和 exp2 是两个操作数，可以是表达式，X 表示某种比较运算符，如果 exp1 和 exp2 满足“X”关系，结果为 true，否则结果为 false。例如，5>3，结果为 true，4!=6，结果为 true。

【例 2-7】比较运算符使用实例。

```
public class Example2_7{
        public static void main(String[] args) {
                int a = 3;
                int b = 4;
                boolean bigger = a>b;
                boolean less = a<b;
                boolean biggerEqual = a>=b;
                boolean lessEqual = a<=b;
                boolean equal = a==b;
                boolean notEqual = a!=b;
                System.out.println("a="+a+" b="+b);
                System.out.println("a>b:"+bigger);
                System.out.println("a<b:"+less);
                System.out.println("a>=b:"+biggerEqual);
                System.out.println("a<=b:"+lessEqual);
                System.out.println("a==b:"+equal);
                System.out.println("a!=b:"+notEqual);
        }
}
```

运行结果如下。

```
a=3 b=4
a>b:false
```

```
a<b:true
a>=b:false
a<=b:true
a==b:false
a!=b:true
```

程序分析："=="与"="容易混淆，比较相等不能写成"="。

2.6.4 逻辑运算符

在 Java 语言中，逻辑运算符只能对布尔类型数据进行操作，其返回值同样为布尔类型的值。逻辑运算符有&&、||、!、|、&、^，其运算规则如下。

（1）"&&"和"&"是逻辑与，只有当两个操作数都为 true 的时候，结果才为 true。

（2）"||"和"|"是逻辑或，只有当两个操作数都为 false 的时候，结果才为 false。

（3）"!"是逻辑非，如果操作数为 false，结果为 true；如果操作数为 true，结果为 false。

（4）"^"是逻辑异或，如果两个操作数不同，结果为 true；如果两个操作数相同，结果为 false。

【例 2-8】逻辑运算符使用的程序。

```
public class Example2_8{
        public static void main(String[] args) {
              //定义布尔类型的变量 b1 和 b2，并分别赋值
              boolean b1 = true;
              boolean b2 = false;
              //进行各种布尔运算，并输出结果
              System.out.println("b1="+b1+" b2="+b2);
              System.out.println("b1&&b2="+(b1&&b2));
              System.out.println("b1&b2="+(b1&b2));
              System.out.println("b1||b2="+(b1||b2));
              System.out.println("b1|b2="+(b1|b2));
              System.out.println("!b1="+(!b1));
              System.out.println("b1^b2="+(b1^b2));
        }
}
```

运行结果如下。

```
b1=true b2=false
b1&&b2=false
b1&b2=false
b1||b2=true
b1|b2=true
!b1=false
b1^b2=true
```

"&&"和"&"从运行结果来看是相同的，但是运行的过程不一样，如【例 2-9】所示。

【例 2-9】逻辑运算符中“&&”和“&”使用的程序。

```
public class Example2_9{
        public static void main(String[] args) {
                int a = 5 ;
                int b = 6;
                int c = 6;
                //使用&&进行逻辑运算
                System.out.println((a>b) && (a>(b--)) );
                //使用&进行逻辑运算
                System.out.println((a>c) & (a>(c--)) );
                System.out.println("b="+b);
                System.out.println("c="+c);
        }
}
```

运行结果如下。

```
false
false
b=6
c=5
```

程序分析：从这个结果可以看出，“&&”和“&”的运算结果相同，但是 b 和 c 的值不同。使用“&&”的时候，未执行后面的表达式，所以 b 的值没有发生变化；使用“&”的时候，执行了后面的表达式，所以 c 的值发生了变化。而实际上，进行与运算时，只要前面的表达式是 false，结果就是 false，所以无须执行后面的表达式，“&&”运算符正是使用了这个特性。“||”和“|”的区别也是这样，只不过当“||”前面为真时，不执行“||”后的表达式。

注意

“&&”和“||”是快速运算符，但是不能保证执行后面的表达式。

2.6.5 条件运算符

根据不同的逻辑结果，可以得到不同的值。

基本格式：op1?op2:op3;

op1 的结果应该为布尔类型，如果 op1 的值为 true，则表达式最终的结果为 op2；如果 op1 的值为 false，则表达式最后的结果为 op3。

【例 2-10】下面的代码完成了求 a 和 b 的最大值的功能。

```
public class Example2_10{
        public static void main(String[] args) {
                int a=10;
                int b=7;
```

```
            int c;

            // 如果 a>b，把 a 赋值给 c，如果不是 a>b，把 b 赋值给 c
            c = a>b?a:b;
            System.out.println(a+"和"+b+"的最大值为："+c);
        }
}
```

运行结果如下。

```
10 和 7 的最大值为：10
```

2.6.6 位运算符

位运算符包括按位“与”、按位“或”、“异或”等。从表面上看似乎有点像逻辑运算符，但逻辑运算符是针对两个关系运算符来进行逻辑运算的，而位运算符主要针对两个二进制数的位进行逻辑运算。表 2-4 列出了位运算符及其结果。

表 2-4　　　位运算符及其结果

符号	含义	备注
&	按位“与”	只有参加运算的两位都为 1，&运算的结果才为 1，否则为 0
|	按位“或”	只有参加运算的两位都为 0，|运算的结果才为 0，否则为 1
^	异或	只有参加运算的两位不同，^运算的结果才为 1，否则为 0
<<	左移	a<<b，将 a 的二进制数据左移 b 位，右边移空的部分补 0
>>	右移	a>>b，将 a 的二进制数据右移 b 位，如果最高位是 0，则左边移空的部分补 0；如果最高位是 1，则左边移空的部分补 1
>>>	无符号右移	不管最高位是 0 或 1，左边移空部分都补 0

1. 与运算符

与运算符用符号“&”表示，其使用规律如下：两个操作数的位都为 1，结果才为 1，否则结果为 0，如【例 2-11】所示。

【例 2-11】与运算应用实例。

```
public class Example2_11{
    public static void main(String[] args)
    {
        int a=129;
        int b=128;
        System.out.println("a 和 b 与的结果是："+(a&b));
    }
}
```

运行结果如下。

```
a 和 b 与的结果是：128
```

程序分析："a"的值是 129，转换成二进制就是 10000001，而"b"的值是 128，转换成二进制就是 10000000。根据与运算符的运算规律，只有两个位都是 1，结果才是 1，可以知道结果就是 10000000，即 128。

2. 或运算符

或运算符用符号"|"表示，其运算规律如下：两个位只要有一个为 1，那么结果就是 1，否则就为 0，如【例 2-12】所示。

【例 2-12】或运算应用实例。

```
public class Example2_12{
        public static void main(String[] args)
        {
                int a=129;
                int b=128;
                System.out.println("a 和 b 或的结果是："+(a|b));
        }
}
```

运行结果如下。

```
a 和 b 或的结果是：129
```

程序分析：a 的值是 129，转换成二进制是 10000001，而 b 的值是 128，转换成二进制是 10000000，根据或运算符的运算规律，只要两个位有一个是 1，结果就是 1，因此，可以知道结果是 10000001，即 129。

3. 异或运算符

异或运算符是用符号"^"表示的，其运算规律如下：两个操作数的位中，相同则结果为 0，不相同则结果为 1，如【例 2-13】所示。

【例 2-13】异或运算应用实例。

```
public class Example2_13{
    public static void main(String[] args)
    {
        int a=15;
        int b=2;
        System.out.println("a 与 b 异或的结果是："+(a^b));
    }
}
```

运行结果如下。

```
a 与 b 异或的结果是：13
```

程序分析：a 的值是 15，转换成二进制为 1111，而 b 的值是 2，转换成二进制为 0010，根据异或运算符的运算规律，可以得出其结果为 1101，即 13。

4. 左移

左移（<<）的运算规则是丢弃最高位，0 补最低位。如果移动的位数超过了该类型的最大位数，那么编译器会对移动的位数取模。

例如，3 <<2（3 为 int 型）

（1）把 3 转换为二进制数字 0000 0000 0000 0000 0000 0000 0000 0011。

（2）把该数字高位（左侧）的两个零移出，其他的数字都朝左平移 2 位。

（3）在低位（右侧）的两个空位补零，则得到的最终结果是 0000 0000 0000 0000 0000 0000 0000 1100，转换为十进制是 12。移动的位数超过了该类型的最大位数，如果移进高阶位（31 或 63 位），那么该值将变为负值。

5. 右移

右移（>>）的运算规则是按二进制形式把所有的数字向右移动对应的位数，低位移出（舍弃），高位的空位补符号位，即正数补零，负数补 1。当右移的运算数是 byte 和 short 类型时，将自动把这些类型扩大为 int 型。例如，如果要移走的值为负数，每一次右移都在左边补 1，如果要移走的值为正数，每一次右移都在左边补 0，这叫作符号位扩展（保留符号位）（Sign Extension）。

6. 无符号右移

无符号右移（>>>）的运算规则是无论最高位是 0 还是 1，左边补齐 0。符号右移的规则只记住一点：忽略了符号位扩展，0 补最高位。无符号右移运算符只对 32 位和 64 位的值有意义。

2.6.7 表达式

在 Java 语言中，表达式是变量或常量与符号的组合，例如，num1+num2 或 age>18 等。表达式中常用的符号称为运算符，这些运算符作用的变量或常量称为操作数。例如，在表达式 age>18 中，age 和 18 是操作数，符号“>”为运算符。同样，在表达式 num1+num2 中，num1 和 num2 均为操作数，符号“+”为算术运算符。在一些复杂的运算中，简单的表达式可以组合为复杂的表达式，其操作数本身可能就是一个表达式，如（num1+num2）*（x+y），其中的操作数（num1+num2）和（x+y）本身就是表达式，并用运算符“*”相乘。

表达式的计算结果必须是一个值，如果表达式是一个条件，就会产生逻辑值结果，即真或假。在其他情况下，值通常为计算的结果。

下面几个例子都是 Java 语言中合法的表达式的表示方式。

（1）a*b+2。其中，a、b、2 为操作数，a 和 b 为变量，2 为数值常量，+为运算符。

（2）'a' + 3。其中，'a'为字符常量，参与计算时其数值为该字符所在字符集的编码值，'a'为 ASCII 码时，表达式'a' + 3 等同于 97+3。

（3）"study" + "java"。其中，"study"和"java"为字符串常量，“+”为运算符，如果运算符“+”两边的操作数都为字符串常量，其计算结果是两个字符串常量的连接，该表达式的运算结果为“studyjava”。

表达式的运算顺序需要运算符的优先级来控制，具体计算规则为先括号内，再括号外，同一层括号，根据运算符的优先级和结合性来决定运算顺序。运算符的优先级是指每个运算符赋予运算的先后次序，优先级较高的先运行，优先级较低的后运行。结合性是指在同一优先级下运算符的计算顺序，左结合是两个相邻运算符按照从左至右的顺序计算，右结合则按从右至左的顺序计算。Java 运算符的优先级见表 2-5。

表 2-5　　Java 运算符的优先级

序号	运算符
1	括号
2	一元运算符，如-、++、--和 !
3	算术运算符，如 *、/、%、+ 和 -
4	关系运算符，如 >、>=、<、<=、== 和 !=
5	逻辑运算符，如 &、^、|、&&、||
6	条件运算符和赋值运算符，如 ? ：、=、*=、/=、+= 和 -=

2.7 字符串

字符串是程序设计中的常用数据类型。在 Java 程序中，字符串不是字符数组，也不是基本数据类型，而是引用数据类型，所有字符串都是 String 类的对象。由于字符串是最常用、最重要的数据类型之一，Java 程序中可以像使用基本数据类型一样使用字符串变量，并对其直接赋值。字符串是 Unicode 字符的连续集合，通常用于表示文本，可以使用 String 类的实例来表示字符串。String 的值构成该连续集合的内容，并且该值是恒定的。由于 String 的值一旦创建就不能修改，因此，称其是“恒定的”。看似能修改 String 的方法，实际上只是返回一个包含修改内容的新 String。声明 String 类可以使用 String，例如：

```
String s = "hello";
```

2.7.1 字符串字面值

字符串字面值是包含在" "内的一组字符。字符串中字符的个数称为字符串的长度，长度为 0 称为空串。例如，下列都是合法的字符串字面值。

```
"Hello World!"
"您好"
" "    //字符串中有 1 个空格字符，长度为 1
""     //空串，长度为 0
null   //不指向任何实例的空对象
```

除了普通字符以外，字符串字面值中还可以包含转义序列字符。例如：

```
System.out.println("Line 1\nLine 2"); //其中\n 为换行符
```

2.7.2 字符串变量

字符串或串（String）是由数字、字母、下划线组成的一串字符。一般记为 s="a1a2···an"（n>=0）。它是编程语言中表示文本的数据类型。在程序设计中，字符串（String）为符号或数值的一个连续序列，如符号串（一串字符）或二进制数字串（一串二进制数字）。

字符串变量声明格式如下。

```
String 变量名;
```

变量声明以后就可以对其赋值。例如：

```
String s1="Hello World !",s2; //声明 String 型变量 s1 和 s2，同时给 s1 赋值
s2="您好！ ";    //给 s2 赋值
```

2.7.3 字符串连接运算符

操作符“+”能将字符串连接，并生成新的字符串。

基本格式：op1+op2

要求 op1 和 op2 中至少要有一个是字符串，另一个可以是前面介绍的 8 种基本数据类型中的一种或是任何类的对象。

【例 2-14】字符串连接运算符使用的程序。

```
public class Example2_14{
        public static void main(String[] args) {
                byte b = 3;
                short s = 4;
                int i=10;
                long l = 11;
                float f = 3f;
                double d2 = 23.5;
                char c = 's';
                boolean bool = false;
                java.util.Date d = new java.util.Date();

                //使用字符串与各种类型的数据进行连接
                System.out.println("byte 类型:"+b);
                System.out.println("short 类型:"+s);
                System.out.println("int 类型:"+i);
                System.out.println("long 类型:"+l);
                System.out.println("float 类型:"+f);
                System.out.println("double 类型:"+d2);
                System.out.println("char 类型:"+c);
                System.out.println("boolean 类型:"+bool);
                System.out.println("其他类的对象:"+d);
        }
}
```

运行结果如下。

```
byte 类型:3
short 类型:4
```

```
int 类型:10
long 类型:11
float 类型:3.0
double 类型:23.5
char 类型:s
boolean 类型:false
其他类的对象：Sun Dec 10 09:19:34 CST 2006
```

2.8 输入和输出数据

从控制台输入数据或向控制台输出数据是 Java 编程中经常要用到的操作，本节将对 Java 语言中常用的输入/输出方式进行介绍。

2.8.1 输出数据到控制台

Java 语言中可以将各种类型的数据输出到控制台上。Java 语言中使用下列语句向控制台输出数据。

（1）print（输出项）：实现不换行输出。输出项可以是变量名、常量、表达式。

（2）println（输出项）：输出数据后换行。输出项可以是变量名、常量、表达式。

（3）printf（"格式控制部分",表达式 1,表达式 2，…，表达式 n）：格式控制部分由“格式控制符”+“普通字符”组成。普通字符原样输出；常用的格式控制符如下。

%d（代表十进制数）、%c（代表一个字符）、%f（代表浮点数）、%e（代表科学记数法的浮点数）、%b（代表 boolean 值）、%s（代表字符串）、%n（代表换行符）。

输出时也可以控制数据的宽度。

%md：输出的 int 型数组占 m 列；%m.nf：输出的浮点型数组占 m 列，小数点部分保留 n 位；%.nf：输出的浮点型数据小数部分保留 n 位。

例如：

```
System.out.println("Line 1\nLine 2");   //其中\n 为换行符
double x=1000/3.0;
int i=4;
String s="Hello world";
System.out.printf("x=%8.2f;i=%5d;s=%15s",x,i,s);
System.out.println();
System.out.printf("%e",1500.34);
```

运行结果如下。

```
Line 1
Line 2
x=   333.33;i=    4;s=    Hello world
1.500340e+03
```

2.8.2 从控制台读取数据

输入数据可以采用多种方式，例如，使用标准输入串 System.in、BufferedReader 取得含空格的输入等，这里只介绍使用非常方便的一种，使用 Scanner 提供的方法进行输入。使用 Scanner 类输入数据的步骤如下。

（1）导入类：import java.util.Scanner。

（2）创建一个 Scanner 对象：Scanner reader =new Scanner(System.in)。

（3）选择如何读取数据。

nextInt()：读取一个 Int。

nextDouble()：读取一个 Double。

nextLine()：读取一行。

【例 2-15】 使用 Scanner 从控制台读取两个字符串、一个整数、一个 double 类型的小数及 float 类型的小数，并在控制台输出所有输入的数据。

```
import java.util.Scanner;
public class Example2_15 {
        public static void main(String[] args) {
              Scanner input = new Scanner(System.in);
              System.out.println("请输入一个字符串(中间能加空格或符号)");
              String a = input.nextLine();
              System.out.println("请输入一个字符串(中间不能加空格或符号)");
              String b = input.next();
              System.out.println("请输入一个整数");
              int c;
              c = input.nextInt();
              System.out.println("请输入一个 double 类型的小数");
              double d = input.nextDouble();
              System.out.println("请输入一个 float 类型的小数");
              float f = input.nextFloat();
              System.out.println("按顺序输出 abcdf 的值：");
              System.out.println(a);
              System.out.println(b);
              System.out.println(c);
              System.out.println(d);
              System.out.println(f);


        }

}
```

运行结果如下。

```
请输入一个字符串(中间能加空格或符号)
我爱祖国！
请输入一个字符串(中间不能加空格或符号)
ILoveChina
请输入一个整数
```

```
520
请输入一个 double 类型的小数
12.26e3
请输入一个 float 类型的小数
3.1415926
按顺序输出 abcdf 的值:
我爱祖国!
ILoveChina
520
12260.0
3.1415925
```

程序分析如下。

（1）next()：只读取输入，直到遇到空格。它不能读两个由空格或符号隔开的单词。此外，next()在读取输入后将光标放在同一行中。（next()只读取空格之前的数据，并且光标指向本行。）

（2）nextLine()：读取输入，包括单词之间的空格和除回车以外的所有符号（它读到行尾）。读取输入后，nextLine()将光标定位在下一行。

【例 2-16】假如你希望开发一个程序，将给定的钱数分类成较小的货币单位。这个程序要求用户输入一个 double 型的值，该值是用美元和美分表示的总钱数，然后输出一个清单，列出和总钱数等价的 dollar（1 美元）、quarter（2 角 5 美分）、dime（10 美分）、nickel（5 美分）和 penny（1 美分）的数目。

开发步骤如下。

（1）提示用户输入十进制数作为总钱数，例如，11.56。

（2）将该钱数转换为 1 美分硬币的个数。

（3）通过将 1 美分硬币的个数除以 100，求出 1 美元硬币的个数。通过将剩余的 1 美分硬币的个数除以 100 求余数，得到剩余 1 美分硬币的个数。

（4）通过将步骤（3）剩余的 1 美分硬币的个数除以 25，求出 2 角 5 美分硬币的个数。通过将步骤（3）剩余的 1 美分硬币的个数除以 25 求余数，得到新剩余 1 美分硬币的个数。

（5）通过将步骤（4）剩余的 1 美分硬币的个数除以 10，求出 10 美分硬币的个数。通过将步骤（4）剩余的 1 美分硬币的个数除以 10 求余数，得到新剩余 1 美分硬币的个数。

（6）通过将步骤（5）剩余的 1 美分硬币的个数除以 5，求出 5 美分硬币的个数。通过将步骤（5）剩余的 1 美分硬币的个数除以 5 求余数，得到新剩余 1 美分硬币的个数。

（7）剩余 1 美分硬币的个数即为所求 1 美分硬币的个数。

（8）显示结果。

程序代码如下。

```
import java.util.Scanner;
public class Example2_16 {
        public static void main(String[] args) {
                Scanner input = new Scanner(System.in);
                System.out.println("Enter an amount in double,for example 11.56:");
                double amount = input.nextDouble();
                int remainingAmount = (int) (amount * 100);
                int numberOfOneDollars = remainingAmount / 100;
```

```
            remainingAmount = remainingAmount % 100;
            int numberOfQuarters = remainingAmount / 25;
            remainingAmount = remainingAmount % 25;
            int numberOfDimes = remainingAmount / 10;
            remainingAmount = remainingAmount % 10;
            int numberOfNickels = remainingAmount / 5;
            remainingAmount = remainingAmount % 5;
            int numberOfPennies = remainingAmount;
            System.out.println("Your amount" + amount + " Consists of \n" + "\t" +
numberOfOneDollars + " dollars\n" + "\t"
                    + numberOfQuarters + " quarters\n" + "\t" + numberOfDimes +
" dimes\n" + "\t" + numberOfNickels
                    + " nickels\n" + "\t" + numberOfPennies + " pennies\n");

        }

    }
```

运行结果如下。

```
Enter an amount in double,for example 11.56:
11.56
Your amount 11.56 Consists of
        11 dollars
        2 quarters
        0 dimes
        1 nickels
        1 pennies
```

2.9 本章习题

1. 编写程序输出以下信息：

```
***************************
*      Welcome To Java!      *
***************************
```

2. 编写程序计算半径为 5 的圆的面积，计算公式为：面积=半径*半径*圆周率。

3. 已知 a、b 均是整型变量，写出将 a、b 两个变量中的值互换的程序（知识点：变量和运算符综合应用）。

4. 给定一个 0～1000 的整数，求各个位上数字的和，例如，345 的结果是 3+4+5＝12。注意，分解数字既可以先除后模也可以先模后除（知识点：变量和运算符综合应用）。

5. 编写程序将华氏度 78℉ 转换为摄氏度，转换成的摄氏度在屏幕上显示出来。转换公式为：摄氏度=(5/9) * (华氏度−32)。

6. 给定 A～Z 中任意一个大写字母，将该大写字母转换为小写字母。

第 3 章
流程控制

▶ 内容导学

Java 应用程序中的语句通常是顺序执行的，从 main()方法中第一行语句顺序执行到最后一行语句。控制语句可以改变这种执行次序。Java 程序的控制语句主要有条件语句和循环语句。本章讲解流程控制的条件语句、循环语句及跳转语句。通过对本章的学习，读者可以掌握 Java 语言实现流程控制的方式及各语句的应用场合。

▶ 学习目标

① 掌握 if 语句的使用。
② 掌握 switch 语句的使用。
③ 掌握 while、do-while 语句的使用。
④ 掌握 for 语句的使用。
⑤ 掌握 break、continue 和 return 语句的使用。

3.1 条件语句

条件语句是程序中根据条件是否成立进行选择执行的一类语句。在 Java 语言中，条件语句主要包括 if 语句和 switch 语句，下面分别进行介绍。

3.1.1 单分支的 if 语句

简单的 if 条件语句就是对某种条件做出相应的处理。通常表现为“如果满足某种情况，那么就进行某种处理”。

（1）if 语句的语法。

```
if (条件表达式) {
    功能代码块;
}
```

（2）if 语句的执行过程。

if 语句的代码执行过程为：如果条件表达式返回值为真，则执行功能代码块中的语句；如果条件表达式返回值为假，则不执行功能代码块中的语句。

（3）说明。

① if 是该语句中的关键字，后面的小括号不可省略。
② 条件表达式返回的结果为布尔型，当返回为真值时，才能执行功能代码块中的语句。
③ 无论功能代码块是单行还是多行，建议都用花括号“{}”括起来。
④ if()子句后不能跟分号“;”。

下面通过【例 3-1】来说明 if 语句的执行。

【例 3-1】使用 if 语句编写程序，实现如下功能：判断 x 值是否为 0，如果为 0，则输出“x 等于 0”。

```
public class Example3_1 {
        public static void main(String[] args){
            int x = 0;
            if(x==0){
                System.out.println("x 等于 0");

            }
        }

}
```

运行结果如下。

```
x 等于 0
```

程序分析：在【例 3-1】中，条件是判断变量 x 是否等于 0，如果条件成立，则输出“x 等于 0”。

3.1.2 双分支的 if 语句

在上述程序的执行过程中，单分支的 if 语句只执行条件表达式返回值为真时的操作。如果需要返回值为真或假时都执行上述各自相应操作，就可以使用双分支的 if 语句（也称 if-else 语句）来完成。

（1）if-else 语句的语法如下。

```
if(条件表达式){
  功能代码块 1
}else{
  功能代码块 2
}
```

（2）if-else 语句的代码执行过程。

当条件表达式返回值为真时，执行功能代码块 1；当条件表达式返回值为假时，执行 else 后面的功能代码块 2。

（3）说明。

① 与 if 语法格式相同，如果功能代码块 1 和功能代码块 2 只有一句，则可以不用加花括号“{}”。

② if-else 语句的代码执行过程等价于三目条件运算符“变量 = 布尔表达式 ? 语句 1:语句 2”。如果布尔表达式的值为 true，则执行语句 1；如果布尔表达式的值为 false，则执行语句 2。

下面通过【例 3-2】来看一下 if-else 语句的应用。

【例 3-2】编写程序，使用 if-else 语句实现如下功能。判断一个数是否为奇数，如果是奇数，输出“n 是奇数”和“条件表达式返回值为真”，否则输出“n 不是奇数”和“条件表达式返回值为假”。

```
public class Example3_2 {
        public static void main(String[] args) {
                int n = 7;
                if (n % 2 != 0) {
                        System.out.println("n 是奇数");
                        System.out.println("条件表达式返回值为真");
                } else {
                        System.out.println("n 不是奇数");
                        System.out.println("条件表达式返回值为假");
                }
        }
}
```

运行结果如下。

```
n 是奇数
条件表达式返回值为真
```

程序分析：当 n=7 时，n%2 的值是 1，条件成立，执行 if 语句的代码，输出“n 是奇数”和“条件表达式返回值为真”。

【例 3-3】若已知三角形三条边的长度，求三角形面积。首先需要根据三条边的长度判断是否能构成三角形，如果能构成，则求出面积，否则输出“不能构成三角形！”的信息。程序代码如下。

```
import java.util.Scanner;
public class Example3_3 {
        public static void main(String[] args) {
                double a,b,c,p,s;
                System.out.println("please input a ");
                Scanner input=new Scanner(System.in);
                a=input.nextDouble();
                System.out.println("please input b ");
                b=input.nextDouble();
                System.out.println("please input c ");
                c=input.nextDouble();
                if (a+b>c && b+c> a&& a+c>b)
                  {
                        p = (a + b + c) / 2;
                        s = Math.sqrt(p * (p–a) * (p–b) * (p–c)); //Math 类，为三角函数、对数
函数和其他数学函数提供静态方法，sqrt 返回指定数据的平方根

                        System.out.println("三角形面积为："+s);
                  }
```

```
                else {
                    System.out.println("不能构成三角形!");
                }


            }

    }
```

若输入的三条边的长度为 3、4、5，则可以构成三角形，输出三角形的面积，运行结果如下。

```
please input a
3
please input b
4
please input c
5
三角形面积为：6.0
```

若输入的三条边的长度为 1、2、3，则不能构成三角形，会输出提示信息，运行结果如下。

```
please input a
1
please input b
2
please input c
3
不能构成三角形!
```

当有多个 if 在程序的语句中存在时，else 与最近的 if 匹配，形式如下。

```
if(条件表达式 1){
 功能代码块 1;
}
if(条件表达式 2){
 功能代码块 2;
}else{
 功能代码块 3;
}
```

其中，else 对应条件表达式 2，条件表达式 1 的 if 语句将独立执行。

3.1.3 多分支的 if 语句

当条件为多个时，Java 语言提供了专门的多分支 if-else if-else 语句以实现条件的多重选择。

（1）多分支语句的语法如下。

```
if(条件表达式 1){
  功能代码块 1;
}else if(条件表达式 2){
  功能代码块 2;
}else if(条件表达式 3){
  功能代码块 3;
…
}else{
   功能代码块 n;
}
```

（2）多分支语句的执行过程。

if-else if-else 语句的代码执行过程为：当条件表达式 1 的返回值为真时，则执行功能代码块 1；当条件表达式 1 的返回值为假且条件表达式 2 的返回值为真时，则执行功能代码块 2；如果条件表达式 1、条件表达式 2 的返回值都为假且条件表达式 3 的返回值为真，则执行功能代码块 3，以此类推，如果所有条件都不成立，则执行 else 语句的功能代码块。

（3）说明。

① 以上 3 种语句中的“条件表达式”必须是一个布尔类型的表达式，它可以是一个布尔变量、一个关系表达式，也可以是多个条件组合而成的逻辑表达式，甚至可以是一个布尔常量。也就是说得到的结果必须是 true 或者 false，编译器不能接收数字作为表达式的运算结果，否则将产生编译错误。

② else if 是 else 和 if 两个关键字，中间使用空格进行间隔。

③ else if 语句可以有任意多条。

④ 最后的 else 语句为可选。

⑤ 如果功能代码部分只有一条语句而不是语句块，花括号“{}”可以省略。

接下来通过一个将百分制的成绩转换为 A、B、C、D、E 5 个等级的实例来说明 if-else if-else 语句的用法，具体代码见【例 3-4】。

【例 3-4】使用 if-else if-else 语句实现百分制成绩到成绩等级的转换。

```
public class Example3_4 {
        public static void main(String[] args) {
                int i = 55;

                if (i <= 100 && i >= 90) {
                        System.out.println("成绩是 A");
                } else if (i >= 80) {
                        System.out.println("成绩是 B");
                } else if (i >= 70) {
                        System.out.println("成绩是 C");
                } else if (i >= 60) {
                        System.out.println("成绩是 D");
                } else {
```

```
                    System.out.println("成绩是 E");
                }

            }

}
```

运行结果如下。

```
成绩是 E
```

程序分析：当 i = 55 时，所有条件表达式均不成立，所以输出“成绩是 E”。

【例 3-5】 21 点扑克牌游戏中的输赢判断。内容：如果游戏双方有一方的点数超过了 21 点，则另一方为胜利者；如果游戏双方的点数一样，则平局；如果游戏双方都在未达到 21 点时放弃选牌，则谁的点数大谁为胜利者。

根据内容的要求，通过设计可以得到如图 3-1 所示的流程图。

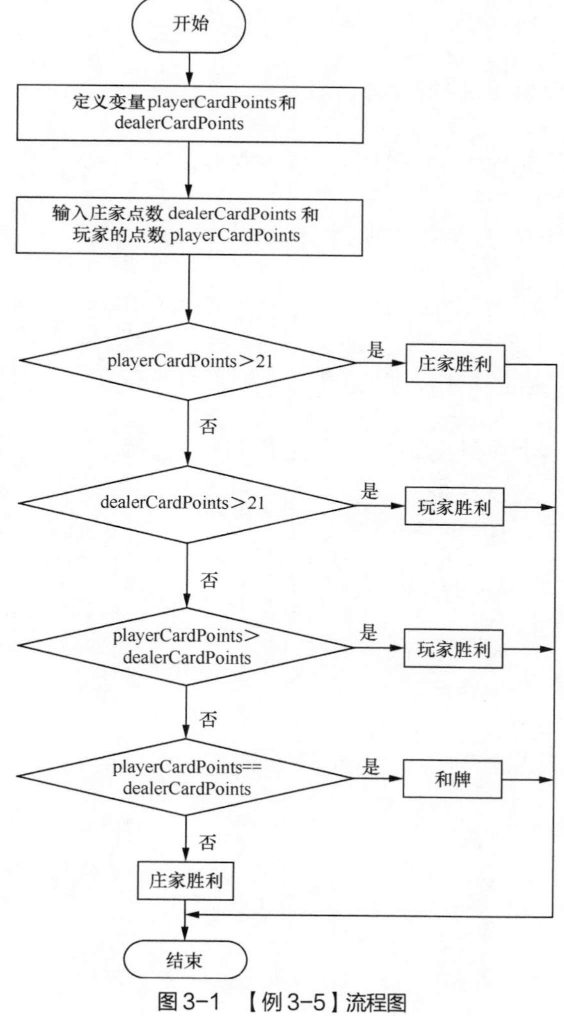

图 3-1 【例 3-5】流程图

```
import java.util.Scanner;

public class Example3_5 {

        public static void main(String[] args) {
                int dealerCardPoints = 19, playerCardPoints = 18;
                System.out.println("请输入庄家的点数");
                Scanner sc = new Scanner(System.in);
                dealerCardPoints = sc.nextInt(); //获取庄家的点数
                System.out.println("请输入玩家的点数");
                playerCardPoints = sc.nextInt(); //获取玩家的点数
                if (playerCardPoints > 21) //玩家爆了
                {
                        System.out.println("庄家胜利！");
                }
                else if (dealerCardPoints > 21) //庄家爆了
                {
                        System.out.println("玩家胜利！");
                }
                else if (playerCardPoints > dealerCardPoints) //都没爆而且玩家点数大
                {
                        System.out.println("玩家胜利！");
                }
                else if (playerCardPoints == dealerCardPoints) //都没爆，玩家点数等于庄家点数，和牌
                {
                        System.out.println("和牌！");
                }
                else //其他，其实就是都没爆的情况下，庄家点数大
                {
                        System.out.println("庄家胜利！");
                }
        }

}
```

运行结果分为 3 种。

第一种情况，庄家输入点数大于 21，则运行结果如下。

```
请输入庄家的点数
32
请输入玩家的点数
1
玩家胜利!
```

第二种情况，玩家输入点数大于 21，则运行结果如下。

```
请输入庄家的点数
12
请输入玩家的点数
32
庄家胜利!
```

第三种情况，玩家和庄家输入点数都小于 21，则会有 3 种情况，庄家点数大庄家赢，玩家点数大玩家赢，庄家和玩家点数一样则和牌。运行结果如下。

```
请输入庄家的点数
18
请输入玩家的点数
16
庄家胜利!
请输入庄家的点数
16
请输入玩家的点数
18
玩家胜利!
请输入庄家的点数
18
请输入玩家的点数
18
和牌!
```

从【例 3-5】可以看出，当需要进行判断的条件很多时，使用 if-else if-else 语句比较烦琐，这时，我们可以使用 switch 语句来实现多分支语句的多重选择。

3.1.4 switch 语句

使用嵌套 if-else 分支时，太多层的分支容易引起混乱，如少打了大括号等，这时可以考虑使用 switch 语句实现分支。当程序面临多岔路口时，就可以使用 switch 语句进行分支。

（1）switch 语句的语法如下。

```
switch (表达式)
{
case 常量 1:
语句 1;
break;
case 常量 2:
语句 2;
break;
…
```

```
case 常量 n:
语句 n;
break;
default:语句 n+1;
}
```

（2）switch 语句的执行过程。

计算表达式的值，然后逐个与 case 后面的常量值比较，当表达式的值与某个 case 后面的常量值相等时，则执行其后的语句；如果都不相等，则执行 default 后面的语句；如果没有 default 部分，则不执行 switch 语句中的任何语句，而直接转到 switch 语句后面的语句去执行。

（3）说明。

① "表达式"的类型可以是 byte、short、int、char 或枚举。从 Java SE 7 开始，switch 支持字符串 String 类型，不能是关系表达式或逻辑表达式。这也决定了 case 后面常量的数据类型也只能是上述中的一种，常量 1～n 可以是整数、字符或字符串常量，这些常量的值不允许相同。

② 将与某个 case 相关联的语句序列接在另一个 case 语句序列之后是错误的，这称为"不穿透"规则，所以需要跳转语句结束这个语句序列，通常选用 break 语句作为跳转。

"不穿透"规则的优点是：一是允许编译器对 switch 语句做优化处理且可自由地调整 case 的顺序；二是防止程序员不经意地漏掉 break 语句而引起错误。

③ 虽然不允许一个 case 语句序列穿透到另一个 case 语句序列，但是可以有两个或多个 case 前缀指向相同的语句序列。

（4）switch 语句中的跳转语句。

Java 中的跳转语句包括 break 语句、return 语句和 continue 语句，其中可以用在 switch 语句中的是 break、return 语句。

① 一般的，每个 case 标记或者 default 标记的语句块都以 break 语句作为结束，执行到该语句，说明整个 switch 语句执行结束，程序将继续执行 switch 语句后面的语句。

② 当一个 case 或者 default 标记以 return 作为结束时，执行到该语句，则 switch 语句所在的方法结束，返回到上层调用方法中。

（5）switch 语句中的语句块。

case 或 default 标记中的语句块，可以是单条语句，也可以由多条语句构成。当语句块中包含多条语句时，可以使用{}将该语句块和后面的跳转语句括起来，使程序的结构更加明确。

【例 3-6】使用 switch 语句实现多重选择。

```
public class Example3_6 {
        public static void main(String[] args) {
                int n = 2;
                int result;
                switch (n) {
                case 1:
                        System.out.println("Block A");
                        result = n;
                        break;
                case 2:
```

```
                System.out.println("Block B");
                result = n * n;
                break;

            case 3:
                System.out.println("Block C");
                result = n * n * n;
                break;

            default:
                result = 0;
                break;
            }
            System.out.println("result=" + result);
        }
}
```

运行结果如下。

```
Block B
result=4
```

思考

如果删除代码中的 break 语句，输出结果是什么？

【例 3-7】使用 switch 语句实现百分制成绩到成绩等级的转换。

```
public class Example3_7{
        public static void main(String[] args) {
            int score = 100;
            switch (score / 10) {
            case 10:
            case 9:
                System.out.println("成绩等级为 A");
                break;
            case 8:
                System.out.println("成绩等级为 B");
                break;
            case 7:
                System.out.println("成绩等级为 C");
                break;
            case 6:
                System.out.println("成绩等级为 D");
                break;
            default:
                System.out.println("成绩等级为 E");
```

```
                }
            }
}
```

成绩为 100 时，输出“成绩等级为 A”的信息。

程序分析：如果使用 switch 语句对 0～100 这个区间内的分数一个一个进行比较，case 语句的数量会很多，所以这里做了一个简单的数字变换，只比较分数的十位及以上数字，这样数字的区间就缩小到了 0～10。

3.2 循环语句

如果想要反复执行某段代码，可以使用循环语句。本节主要讲述循环语句的 3 种语法格式：while 语句、do-while 语句和 for 语句。

3.2.1 while 语句

（1）while 语句的语法如下。

```
while(循环条件){
    循环体;
}
```

（2）while 语句的代码执行过程。

首先判断循环条件，如果循环条件为 true，则执行循环体代码，然后再判断循环条件，直到循环条件不成立时停止执行。如果首先判断出循环条件为 false，则不执行循环体，直接执行 while 语句后面的代码。

（3）说明。

① 循环条件的类型为布尔类型，是指循环成立的条件。

② 花括号{}不是必需的，当循环体中只有一条语句时，可以省略。

③ 循环体是需要重复执行的代码。

下面结合具体实例（【例 3-9】）来演示 while 语句的基本使用。首先阅读【例 3-8】中的代码，该程序使用 while 语句输出 x 的值，x 的初始值是 1，每次输出该变量的值后对该变量的值加 1，变量的值从 1 开始，只要小于 3 就执行该循环。

【例 3-8】使用 while 语句输出 x 的值。

```
public class Example3_8{
        public static void main(String[] args){
                int x=1;
                while(x<3){
                        System.out.println("x="+x);
                        x++;
                }
        }
}
```

运行结果如下。

```
x=1
x=2
```

程序分析：x 初值为 1，第一次循环条件成立，输出 x=1，接着执行 x++，x 变为 2，循环条件仍成立，输出 x=2 后，x 变为 3，此时循环条件不成立，循环结束。

【例 3-9】 假设某大学今年的学费是 10000 美元，而且以每年 7%的比例增加，多少年之后学费会翻倍?

```
public class Example3_9{

    public static void main(String[] args) {
        double tuition = 10000; //第一年的学费
        int year = 1;
        while (tuition < 20000) {
            tuition = tuition * 1.07;
            year++;

        }

        System.out.println("Tuition will be doubled in "+ year + " years");

    }

}
```

运行结果如下。

```
Tuition will be doubled in 12 years
```

程序分析：第二年的学费是第一年的学费乘以 1.07，未来一年的学费都是前一年的学费乘以 1.07，所以，每年的学费计算如下。

```
double tuition=10000;int year=1//第一年的学费
tuition=tuition*1.07;year++; //第二年的学费
tuition=tuition*1.07;year++; //第三年的学费
tuition=tuition*1.07;year++; //第四年的学费
```

3.2.2 do-while 语句

（1）do-while 语句的语法如下。

```
do{
  循环体;
}while(循环条件); //别忘记分号
```

（2）说明。

① 循环体是重复执行的代码部分，循环条件要求是布尔类型，值为 true 时执行循环体，否则循环结束，最后整个语句以分号结束。

② do-while 语句是“先执行再判断”的流程控制结构。为什么说 do-while 语句是“先执行再判断”呢？我们来分析一下 do-while 语句的代码执行过程。首先执行循环体，然后判断循环条件，如果循环条件成立，则继续执行循环体，循环体执行完成以后再判断循环条件，以此类推，直到循环条件不成立，循环结束。从中可以看出，无论循环条件是否成立，循环体都至少会被执行一次。

下面使用 do-while 语句来实现【例 3-8】中的 while 语句（实现变量 x 的输出），代码见【例 3-10】。

【例 3-10】使用 do-while 语句输出 x 的值。

```
public class Example3_10 {
        public static void main(String[] args){
                int x=1;
                do{
                        System.out.println("x="+x);
                        x++;
                } while(x<3);
        }
}
```

运行结果如下。

```
x=1
x=2
```

程序分析：do-while 先执行循环体再判断条件，因此，先输出 x 的初始值，两次执行 x++语句后 x 变为 3，循环条件不成立终止循环。

3.2.3 for 语句

（1）for 语句的语法如下。

```
for(表达式 1;表达式 2;表达式 3){
    循环体;
}
```

（2）for 语句的代码执行过程。

① 执行表达式 1，实现初始化。

② 执行表达式 2，判断循环条件是否成立，如果循环条件为 false，则循环结束，否则执行下一步。

③ 执行循环体。

④ 执行表达式 3，完成迭代。

⑤ 跳转到步骤②重复执行。

（3）说明。

① 表达式 1 用于初始化，一般书写变量初始化的代码，例如，循环变量的声明、赋值等，它在 for 语句中仅执行一次。表达式 1 可以为空。

② 表达式 2 是循环条件，要求必须为布尔类型，如果该条件为空，则默认为 true，即条件成立。

③ 表达式 3 为迭代语句，是指循环变量变化的语句，一般书写 i++、i--这样的结构。该语句可以为空。

④ 循环体指重复执行的代码。

⑤ 花括号{}不是必需的，当循环体部分只有一条语句时可以省略。

我们来阅读【例 3-11】中的代码，了解 for 语句的使用。

【例 3-11】 使用 for 语句输出 x 的值。

```
public class Example3_11   {
        public static void main(String[] args) {
                for (int x = 1; x < 3; x++) {
                        System.out.println("x=" + x);
                }
        }
}
```

运行结果如下。

```
x=1
x=2
```

3.2.4 嵌套循环

循环可以解决反复操作的问题，编程时还涉及循环的嵌套，下面通过一个例子来看一下循环的应用，以及嵌套循环的应用。

【例 3-12】 用 for 语句输出 3 行 3 列的“*”。

问题描述：在控制台中用星号“*”输出如下样式的图形。

```
***
***
***
```

如果未学习过循环语句，可以使用打印语句实现，实现方式如下。

```
public class Multiplication_Sample {
        public static void main(String[] args) {
                System.out.println("***");
                System.out.println("***");
                System.out.println("***");
        }
}
```

在学习了循环语句之后，可通过以下方式实现。

```
public class Multiplication_Sample {
        public static void main(String[] args) {
                for (int i = 1; i <= 3; i++) {
                        System.out.println("***");
```

```
            }
        }
}
```

使用嵌套循环，实现方式如下。

```
public class Example3_12{
        public static void main(String[] args) {
            for (int i = 1; i <= 3; i++) {
                for (int j = 1; j <= 3; j++) {
                    System.out.print("*");
                }
                System.out.println();

            }
        }
}
```

通过【例 3-12】可以看出，使用嵌套循环可以简化程序的编写。

【例 3-13】根据用户输入的行数，输出规则的“*”构成的图形。当用户输入 6 时，可以得到行数为 6 的图形，如下所示。

```
*
**
***
****
*****
******
```

```
import java.util.Scanner;
public class Example3_13 {
    public static void main(String[] args) {
        System.out.println("请输入图形的行数");
        Scanner sc = new Scanner(System.in);
        int lines = sc.nextInt();// 读取用户输入的行数
        for (int i = 0; i < lines; i++) {
            for (int j = 0; j <= i; j++) {
                System.out.print("*");
            }
            System.out.println();
        }
    }
}
```

3.3 break 与 continue

在使用循环语句时，只有循环条件表达式的值为 false 时，才能结束循环。如果想提前中断循环，需要在循环语句块中添加 break 或 continue 语句。

3.3.1 break 语句

在前面 switch 语句的介绍中已经提及 break 语句，其功能是结束 switch 语句的执行。同样，在循环语句中，break 语句的作用也是结束循环语句的执行。

下面以 for 语句为例来说明 break 语句的功能，见【例 3-14】。

【例 3-14】实现从 1 到 i 的累加，当和大于或等于 666 时，累加结束，求出 i 的值。

```
public class Example3_14 {
        public static void main(String[] args) {
                int i, sum = 0;
                for (i = 1; i < 101; i++) {
                        sum += i;
                        if (sum >= 666) {
                                break;
                        }
                }
                System.out.println("从 1 到" + i + "的和为" + sum);
        }
}
```

运行结果如下。

```
从 1 到 36 的和为 666
```

程序分析：该循环在变量 sum 大于等于 666 时，执行 break 语句，结束整个循环，程序继续执行该循环后面的代码，即打印“从 1 到 i 的和为 sum”。

【例 3-14】只是一种比较简单的循环，如果存在循环语句的嵌套，那么 break 语句的作用又如何呢？我们一起来看【例 3-15】。

【例 3-15】break 语句在嵌套循环中的使用。

```
public class Example3_15 {
        public static void main(String[] args) {
                for (int i = 0; i < 10; i++) {
                        for (int j = 0; j < 10; j++) {
                                System.out.print(j+" ");
                                if (j == 5) {
                                    break;
                                }
```

```
                }
                System.out.print("\n");
            }
        }
}
```

运行结果如下。

```
0 1 2 3 4 5
0 1 2 3 4 5
0 1 2 3 4 5
0 1 2 3 4 5
0 1 2 3 4 5
0 1 2 3 4 5
0 1 2 3 4 5
0 1 2 3 4 5
0 1 2 3 4 5
0 1 2 3 4 5
```

程序分析：【例 3-15】中，break 语句出现在循环变量为 j 的内部循环，则执行到 break 语句时，只结束循环变量为 j 的内部循环，而对循环变量为 i 的外部循环没有影响。也就是说，上例中 break 语句仅结束该语句所在循环结构的循环。

3.3.2 continue 语句

continue 语句也能使循环结束，与 break 语句的区别在于：continue 语句只跳出本次循环，但还要继续执行下一次循环；break 语句则完全跳出它所在的循环。下面以 for 语句为例来说明 continue 语句的功能，见【例 3-16】。

【例 3-16】显示 50 以内的奇数。

```
public class Example3_16 {
        public static void main(String[] args) {
            for (int i = 1; i < 50; i++) {
                if ((i % 2) == 0) {
                    continue;
                }
                System.out.print(i + " ");
            }

        }
}
```

运行结果如下。

```
1 3 5 7 9 11 13 15 17 19 21 23 25 27 29 31 33 35 37 39 41 43 45 47 49
```

程序分析：循环过程中遇到偶数使用 continue 提前结束本次循环，不输出此时的 i。

【例 3-17】 continue 语句的简单使用。

```
public class Example3_17 {
        public static void main(String[] args) {
                int i = 0;
                while (i < 5) {
                        i++;
                        if (i == 3) {
                                continue;
                        }
                        System.out.println(i);
                }
        }
}
```

运行结果如下。

```
1
2
4
5
```

程序分析：【例 3-17】中，当变量 i 的值等于 3 时，执行 continue 语句，本次循环结束，直接进入下一次循环。

3.4 return 语句

return 语句用于方法中返回，将控制权转移给方法的调用程序。由于到目前为止的学习中，读者只接触到 main()一种方法。因此，下面的实例将带领读者体会 return 语句的作用。【例 3-18】在 main()方法中使用 return 语句返回系统，在程序执行过程中，遇到 return 直接返回，不执行 return 语句后面的代码。

【例 3-18】 输入身份证号码，根据身份证号判断性别。程序要求输入一个长度为 18 的字符串，代表一个人的身份证号码。如果输入字符串长度不符合要求，则输出“长度不正确”，程序退出，否则根据身份证号码判断性别。提示：身份证号码中的第 17 位表示性别，当该值为奇数时表示男性；该值为偶数时表示女性。

```
import java.util.Scanner;
public class    Example3_18{
        public static void main(String[] args) {
                System.out.println("请输入 18 位身份证号码:");
                Scanner input = new Scanner(System.in);

                String cardIDStr = input.nextLine();
```

```
            if (cardIDStr.length() != 18)
            {
                System.out.println("长度不正确");
                return;//从 main()方法中返回，程序也就结束了
            }
            String sex=cardIDStr.substring(16, 17);//取出第 17 位
            if (Inteqer.parseInt (sex)%2==0)//判断值是否为偶数
            {
                System.out.println("性别为女");
            }
            else
            {
                System.out.println("性别为男");
            }

        }
}
```

程序分析：根据程序内容要求，设计程序流程，如图 3-2 所示。

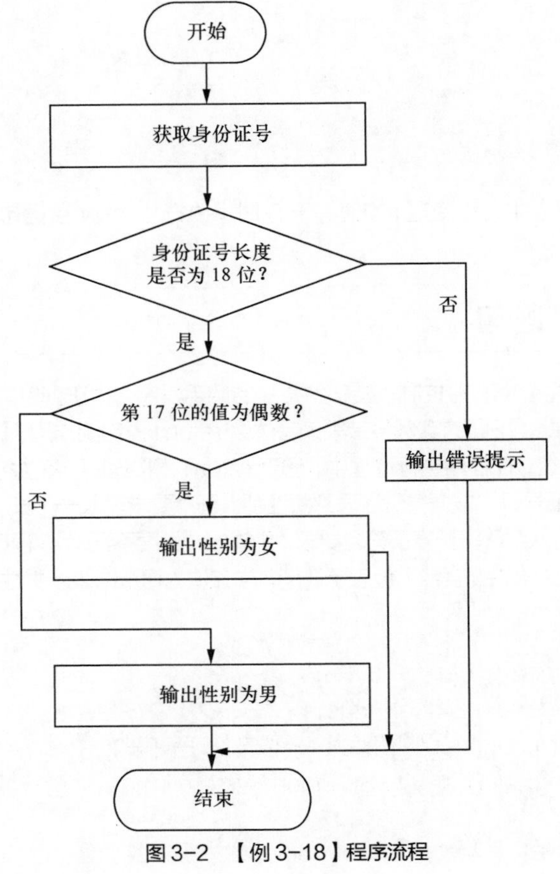

图 3-2 【例 3-18】程序流程

程序运行结果如下：若输入的身份证号长度不正确，提示并退出，否则根据身份证号判断出性别。

```
请输入 18 位身份证号码:
3445
长度不正确
// 程序退出，重新运行程序
请输入 18 位身份证号码:
210908198012095573
性别为男
```

3.5 本章习题

1. 企业发放的奖金根据利润提成。利润低于或等于 10 万元时，奖金可提成 10%；利润高于 10 万元，低于或等于 20 万元时，低于或等于 10 万元的部分按 10%提成，高于 10 万元的部分可提成 7.5%；利润在 20 万～40 万元（含 40 万元）时，高于 20 万元的部分可提成 5%；利润在 40 万～60 万元（含 60 万元）时，高于 40 万元的部分可提成 3%；利润在 60 万~100 万元（含 100 万元）时，高于 60 万元的部分可提成 1.5%；利润高于 100 万元时，超过 100 万元的部分按 1%提成，在程序中设定一个变量为当月利润，求应发放奖金总数（知识点：条件语句）。

2. 给定一个成绩 a，使用 switch 结构求出 a 的等级。A：90～100；B：80～89；C：70～79；D：60～69；E：0～59（知识点：条件语句 switch）。

3. 假设某员工今年的年薪是 30000 元，年薪的年增长率为 6%。编写一个 Java 应用程序计算该员工 10 年后的年薪，并统计未来 10 年（从当年算起）的总收入（知识点：循环语句 for）。

4. 猴子第一天摘下若干个桃子，当即吃了一半，还不过瘾，又多吃了一个，第二天早上又将剩下的桃子吃掉一半，又多吃了一个。以后每天早上都吃了前一天剩下的一半零一个。到第 10 天早上想再吃时，只剩下一个桃子了。求第一天摘了多少桃子（知识点：循环语句 while）。

5. 输入一个数字，判断是奇数还是偶数（知识点：条件语句）。

6. 编写程序，判断一个变量 x 的值，如果是 1，输出 x=1；如果是 5，输出 x=5；如果是 10，输出 x=10，除了以上几个值，其他都输出 x=none。

7. 判断一个数字是否能被 5 和 6 同时整除（打印能被 5 和 6 整除的数字），或只能被 5 整除不能被 6 整除（打印能被 5 整除的数字），或只能被 6 整除不能被 5 整除（打印能被 6 整除的数字），既不能被 5 也不能被 6 整除（打印既不能被 5 也不能被 6 整除的数字）。

8. 输入一个年份，判断这个年份是否是闰年。

9. 输入一个 0～100 的分数，如果不在 0～100 这一范围内，打印分数无效，根据分数等级打印 A、B、C、D、E。等级判定的方式为：

若分数在 90～100，等级为 A；
若分数在 80～89，等级为 B；
若分数在 70～79，等级为 C；
若分数在 60～69，等级为 D；
若分数在 60 以下，等级为 E。

10. 编写一个程序，计算邮局汇款的汇费。如果汇款金额小于 100 元，汇费为 1 元；如果金额在 100～5000 元，按汇款金额的 1%收取汇费；如果金额大于 5000 元，汇费为 50 元。汇款金额由命令行输入。

第 4 章
数组

04

▶ 内容导学

本章介绍数组的典型应用，包括一维数组的声明定义、初始化及数组元素的访问、查找和排序、遍历集合的 foreach 循环、多维数组的引用与遍历、数组类 Arrays 及枚举类型。读者在学习完本章后，应能掌握一维数组的基本概念，包括一维数组的定义、初始化、数组元素的引用、输入/输出以及数组作为方法参数等知识，以解决大批量数据处理问题，同时掌握多维数组、数组类 Arrays 的用法、枚举类型的概念及应用场景。

▶ 学习目标

① 掌握一维数组的声明定义与初始化。
② 掌握一维数组元素的引用。
③ 掌握一维数组元素的输入与输出。
④ 掌握 foreach 循环的用法。
⑤ 掌握多维数组的使用方式。
⑥ 掌握 Arrays 类的用法。
⑦ 掌握枚举类型的用法。

4.1 一维数组

如果现在定义 100 个整型变量，按照之前的做法，定义的结构如下。

```
int i1, i2, i3, …, i100;
```

按照此类方式定义非常麻烦，因为这些变量彼此之间没有任何关联，也就是说如果现在突然提出新要求，如输出这 100 个变量的内容，意味着要编写 System.out.println()语句 100 次。所谓数组，是相同数据类型的元素按一定顺序排列的有限的集合。数组中的每一项数据都称为元素，数组元素通过索引下标来访问。如图 4-1 所示，该数组固定长度为 10，存放元素的位置从 0 开始计数，第 9 个元素存放在数组第 8 位。

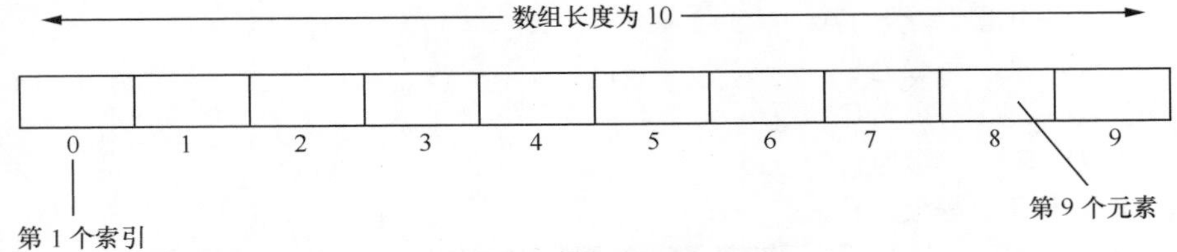

图 4-1　数组示意图

数组分为一维数组和多维数组，下面介绍 Java 语言一维数组的声明和初始化，数组元素的访问方式，以及常用的查找和排序操作，并给出对应的代码。

4.1.1 数组变量的声明

首先必须声明数组变量，才能在程序中使用数组。下面是声明数组变量的语法。

```
数组元素类型[]  数组名;//第一种方式
数组元素类型 数组名[];//第二种方式
```

注意 **建议使用第一种方式声明数组变量。**

数组中元素的类型，可以是基本数据类型，也可以是用户定义的类型，两种类型没有太大的区别。数组名是标识符，应该满足标识符的命名规则，标识符命名规则见 2.1 节。

下面的代码定义了日期类型的数组。

```
Date[] d1;
Date[] d2;
```

下面的代码定义了整型数组。

```
int[] i1;
int[] i2;
```

注意 **与 C++不同，Java 语言在定义数组的时候不需要确定数组元素的个数。下面的代码是错误的。**

```
int a[5];
```

4.1.2 数组的初始化

数组的初始化包括两个过程：数组对象的初始化和数组元素的初始化。

数组对象的初始化主要确定数组中元素的个数，如果元素类型不是基本数据类型，元素的值都是 null；如果是基本数据类型，系统会给出默认值。数组对象的初始化格式如下。

```
变量名 = new 类型[元素个数]
```

new 后面的类型应该与变量声明时使用的类型保持一致，元素个数决定了数组可以有多少个元素，设定之后不能修改。在初始化的时候必须指出元素的个数。

下面的代码是对上面定义的几个数组对象的初始化。

```
//d1 数组有 5 个元素
d1 = new Date[5];
//d2 数组有 4 个元素
d2 = new Date[4];
```

```
//i1 数组有 5 个元素
i1 = new int[5];
//i2 数组有 6 个元素
i2 = new int[6];
```

初始化之后，如果数组元素类型是对象，则默认值都是 null，同时会为数组分配内存空间。Java 语言中的数组是一种引用类型，在堆（Heap）中动态创建并分配空间。在语法层面上，数组采用 new 分配空间。每个数组都有大小，由一个内置变量 length 表示，代表数组含有元素的个数（length 可以是正数或 0），一定要注意 length 的用法，它不是一个方法，而是一个变量。

基本数据类型元素的默认值见表 4-1。

表 **4-1** 基本数据类型元素的默认值

元素类型	默认值
char	0（存储值，不是字符“0”）
byte	0
short	0
int	0
long	0
float	0.0
double	0.0
boolean	false

数组初始化也可以在定义数组的时候直接完成。

下面的代码定义了含有 3 个元素的整型数组。

```
int i2[] = new int[3];
```

4.1.3 数组元素的访问

数组对象初始化之后，对象的值为 null，或者为默认值。如果是对象，则要进行元素的初始化。要对元素进行初始化，就要对每个元素进行操作。访问数组元素的方法如下。

```
数组名[索引]
```

索引值从 0 开始，到数组元素个数减 1，例如，如果数组元素是 5 个，索引值从 0 到 4。如果索引大于或等于数组元素个数，会产生“运行时错误”。

```
java.lang.ArrayIndexOutOfBoundsException
```

下面的方式用于访问上面定义的数组 d1 的元素。

```
d1[0],d1[1],d1[2],d1[3],d1[4]
```

要对元素进行初始化，应使用 new 关键字（元素类型为基本数据类型的时候不需要使用 new 关键字）。

（1）数组元素的初始化。下面的代码对 d1 数组的元素进行初始化。

```
for(int i=0 ;i<d1.length ; i++)
{
```

```
        d1[i] = new Date();
    }
```

对每个元素都可使用 new Date()进行初始化，但它们是不同的对象。赋值过程也可以在定义数组的时候进行。

下面的代码在定义数组的时候为对象赋值。

```
int[] i2 = {2,3,4,5};
Date d2[] = {new Date(),new Date(),new Date()};
```

（2）修改数据元素的值。数组初始化之后，随时可以对数组元素进行修改。如果数组元素的类型是基本数据类型，直接通过索引访问修改即可。

下面的代码是为 i1 数组的 5 个元素赋值 1～5。

```
for(int i=0 ;i<i1.length ; i++)
{
        i1[i] = i+1;
}
```

如果数组元素的类型是对象，先获取这个对象，然后进行操作。

下面的代码修改 d1 数组中元素的信息。

```
for(int i=0 ;i<d1.length ; i++)
{
        d1[i].setDate(i+1);
}
```

【例 4-1】定义一个长度为 30 的数组，用来存放学生成绩，学生成绩赋值为 60+数组元素的下标，输出所有的学生成绩，要求每输出 10 个学生换一行。

```
public class Example4_1 {
        public static void main(String[] args) {
                int count = 0;
                double[] score = new double[30];
                for (int i = 0; i < score.length; i++) {
                        score[i] = 60 + i;
                }
                for (int i = 0; i < score.length; i++) {
                        System.out.println(score[i] + "    ");
                        count++;
                        if (count == 10) {
                                count = 0;
                                System.out.println();
                        }
                }
```

```
        }
}
```

运行结果如下。

```
60.0  61.0  62.0  63.0  64.0  65.0  66.0  67.0  68.0  69.0
70.0  71.0  72.0  73.0  74.0  75.0  76.0  77.0  78.0  79.0
80.0  81.0  82.0  83.0  84.0  85.0  86.0  87.0  88.0  89.0
```

4.1.4 一维数组的查找

数组元素的查找是一个比较常用的操作，若要查找某个数据在数组中是否存在，需要遍历数组的所有元素，把数组元素和要查找的数据进行比较，若相同，则说明有要查找的元素，若遍历到数组末尾，仍然没有元素与要查找的数据相同，则说明数组中没有这个数据。因此，查找的关键是要遍历数组元素。

【例 4-2】在数组中查找一个特定值。假设从键盘上输入了若干个学生某门课程的成绩，请从这些成绩中查找到第一个不及格的成绩，输出其下标及该成绩。例如，输入的成绩为 67、78、89、90、56、78、67、66、76、66，则输出下标为 4，值为 56。编写程序实现查找功能。

查找特定值的基本思路：用依次比较法来完成查找。

（1）先假设查找不到，即定义一个变量 id，并将其赋值为−1。

（2）查找位置指向下标为 0 的元素。

（3）比较，看成绩是否小于 60。如果是，则 id 更新为该下标，设置查找成功，则变量为 true；否则转第（4）步。

（4）下标加 1，再转到第（3）步。

（5）根据查找是否成功输出相应内容。

```
import java.util.Scanner;

public class Example4_2 {
        public static void main(String[] args) {
                final int MAX = 10;
                int[] score;
                int i, id = -1;
                boolean find = false;
                score = new int[MAX];
                System.out.println("请输入 10 个学生的成绩：\n");
                Scanner sc = new Scanner(System.in);
                for (i = 0; i < score.length; i++) {
                        score[i] = sc.nextInt();

                }

                for (i = 0; i < score.length; i++) {
```

```
                if (score[i] < 60) {
                    find = true;
                    id = i;
                    break;
                }
            }
            if (find) {
                System.out.println("第一个不及格学生的下标为" + id + "其成绩为" + score[id]);
            } else {
                System.out.println("没有不及格的学生");
            }

        }
}
```

运行结果如下。

```
请输入 10 个学生的成绩:
67 78 89 90 56 78 67 66 76 66
第一个不及格学生的下标为 4 其成绩为 56
```

【例 4-3】校园歌手大赛。在校园歌手大赛中，有 10 个评委为参赛的选手打分，分数为 1～100。选手最后得分为：去掉一个最高分和一个最低分后其余 8 个分数的平均值。请编写一个程序来实现。

程序分析：10 个评委的分数可以用数组来存储，先算出所有评委的总分，再根据求极值的算法，分别找出最大值和最小值，从总分中去掉，即为每个歌手的最终得分。注意在程序中判断最大、最小值的变量是如何赋初值的。由以上分析得到求平均分的 N-S 图，如图 4-2 所示。

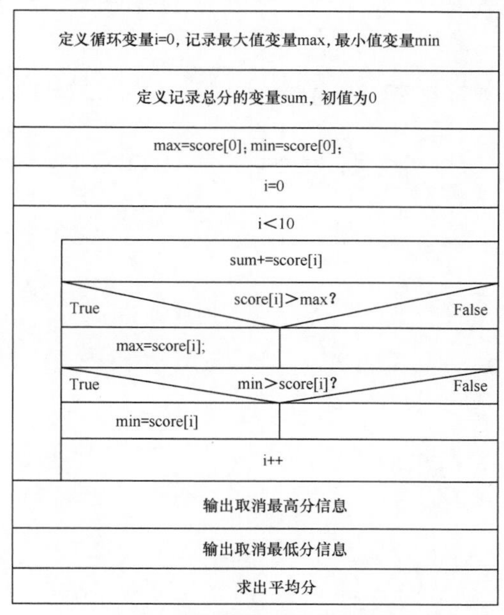

图 4-2　歌手大赛 N-S 图

```
import java.util.Scanner;

public class Example4_3 {

        public static void main(String[] args) {
            final int MAX = 10;
            int[] score;
            score = new int[MAX];
            int  i, max, min, sum;
            sum = 0;

            System.out.println("请输入"+MAX+"个评委的成绩：\n");
            Scanner sc = new Scanner(System.in);
            for (i = 0; i < score.length; i++) {
                score[i] = sc.nextInt();

            }
            max = score[ 0 ];
            min = score[ 0 ];
            for(i = 0; i < score.length; i ++)
            {

                sum += score[ i ];
                if (score[ i ] > max)max = score[ i ];
                if (score[ i ] < min)min = score[ i ];

            }
            System.out.println("取消最高分数:"+max+"取消最低分数:"+min);

            System.out.println("歌手的平均分为"+(sum-max-min) / 8.0);


        }

}
```

运行结果如下。

```
请输入 10 个评委的成绩:
34
56
78
89
```

```
98
76
56
26
84
96
取消最高分数:98 取消最低分数:26
歌手的平均分为 71.125
```

4.1.5 一维数组的排序

在日常生活中，排序是一项很重要的活动，比如，按人的年龄排序、按成绩的高低排序、按职务的高低排序等。排序是一种数据处理的行为。本节我们只介绍两个经典的排序算法：冒泡法与选择法。

1. 冒泡法排序

冒泡法排序是将数组中的数据垂直排列，将每个数据看作一个气泡，根据轻气泡不能在重气泡之下的原则，从上向下扫描数组，凡扫描到违反本原则的气泡，就使其向上漂浮。如此反复进行，直到最后任何两个气泡都是轻者在上、重者在下为止。

假如有 6 个数，分别为 49、38、65、97、76、13，那么用冒泡法进行第一轮比较的过程（从小到大排序）如图 4-3 所示。

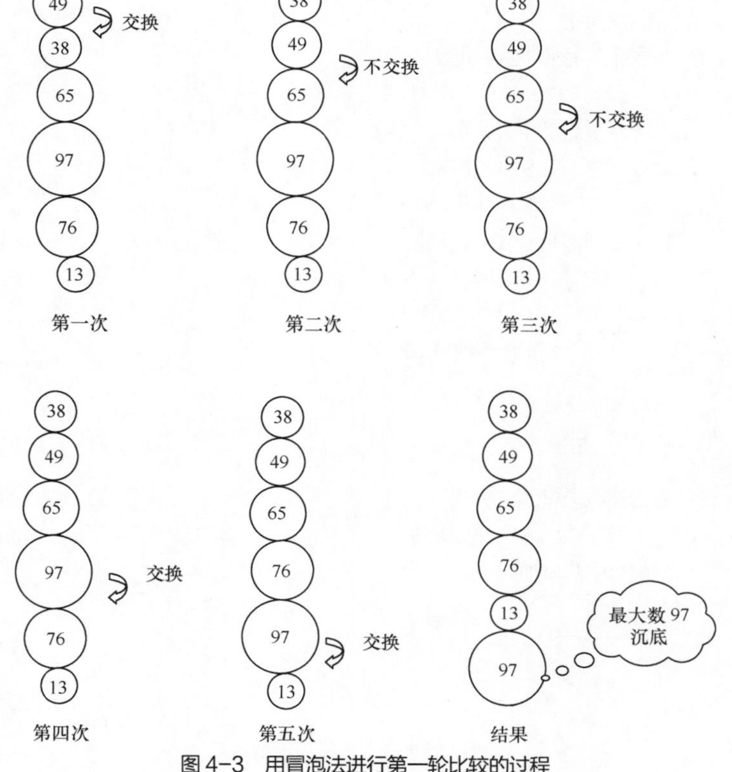

图 4-3 用冒泡法进行第一轮比较的过程

对于上面 6 个数，第一次将 38 和 49 对调，第二次、第三次由于前面的数都比后面的小，因此不对调，第四次和第五次对调，如此共进行 5 次，得到 38—49—65—76—13—97 的顺序。可以看到，最大数 97 已“沉底”，成为最下面一个数，而小的数“上升”。最小数 13 已向上“浮起”一个位置。经第一轮后，已得到最大的数，然后进行第二轮比较，对余下的数按上法比较，第二轮后得到次大的数，第三轮得到第三大的数，第四轮得到第四大的数，第五轮得到第五大的数，最后剩下的那个自然是最小的了。由以上过程可以看出，对 6 个数要比较 5 轮，才能使 6 个数按照大小顺序排列，在第一轮中要比较 5 次，在第二轮中由于最大数已找出，则不参加比较，所以需要比较 4 次，第三轮比较 3 次……第五轮比较 1 次。如果有 *n* 个数，则要进行 *n*-1 轮比较，在第一轮比较中要进行 *n*-1 次两两比较，在第 *i* 轮比较中要进行 *n*-*i*-1 次两两比较。据此得到冒泡法排序（升序）的算法过程如下。

（1）比较第一个数与第二个数，若为逆序 a[0]>a[1]，则交换；然后比较第二个数与第三个数，以此类推，直至第 *n*-1 个数和第 *n* 个数比较为止，即每轮冒泡排序完成，结果最大的数被安置在最后一个元素的位置上。

（2）对前 *n*-1 个数进行第二轮冒泡排序，结果使次大的数被安置在倒数第二个元素的位置上。

（3）重复上述过程，共经过 *n*-1 轮冒泡排序后，排序结束。

【例 4-4】冒泡法排序算法的实现。

```
import java.util.Scanner;

public class Example4_4 {

        public static void main(String[] args) {
                int[] n = { 49,38,65,97,76,13};
                int i, j, temp;
                // 外层循环控制比较轮数
                for (i = 0; i < n.length-1; i++) {
                        // 内层循环控制每轮比较次数
                        for (j = 0; j < n.length -1- i; j++) {
                                // 按照从小到大排列
                                if (n[j] > n[j + 1]) {
                                        temp = n[j];
                                        n[j] = n[j + 1];
                                        n[j + 1] = temp;
                                }
                        }
                }
                // 输出排完序的数组
                for (i = 0; i < n.length; i++)
                System.out.print(n[i] + "\t");


        }

}
```

2. 选择法排序

选择法排序是在冒泡法排序的基础上发展的。回顾冒泡法排序的过程，可以发现在每轮比较交换的过程中，只要当前最小的数据比当前位置的数据大，就进行交换。这实际上是不必要的，因为每轮只要得到本轮参与比较的最大数据就行了，中间无须交换。因此，可以考虑设置一个变量 idofMax，总是记录本轮的最大数据所在的位置，在本轮比较结束后，根据需要进行一次交换，这就是选择法排序的原理。选择法排序法的思想如下（以从大到小排序为例）。

（1）假定有 5 个整数存储在数组中（乱序）。

（2）从 5 个数中找出一个最大的数，将其与第 0 个数交换。

（3）从剩下的 4 个数中找出一个最大的数，将其与第 1 个数交换。

（4）从剩下的 3 个数中找出一个最大的数，将其与第 2 个数交换。

（5）从剩下的 2 个数中找出一个最大的数，将其与第 3 个数交换 (如果数据量大，依此类推)。

（6）输出整个数组元素的值。

根据以上思想，选择法排序的解为（用 10 个数值来说明问题，粗体为已经排好序的部分）:

初始：43　69　98　81　67　79　51　92　88　78

第 0 轮：查找最大值的位置，并将其上的元素值与第 0 个元素互换（本轮 idofMax = 2），得结果为：

98　69　43　81　67　79　51　92　88　78

第 1 轮：在剩余 9 个元素中找最大值，与第 1 个元素互换（本轮 idofMax = 7），已排好序的元素不动：

98　92　43　81　67　79　51　69　88　78

第 2 轮：在剩余 8 个元素中找最大值，与第 2 个元素互换（本轮 idofMax = 8），已排好序的元素不动：

98　92　88　81　67　79　51　69　43　78

第 3 轮：（本轮 idofMax = 3），实际上，经过一番查找后发现自己（81）就是最大的，因此，自己和自己交换一下（好像做了无用功，但这种情形在整个排序过程中是较少出现的）。

98　92　88　81　67　79　51　69　43　78

第 4 轮：（本轮 idofMax = 5）

98　92　88　81　79　67　51　69　43　78

第 5 轮：（本轮 idofMax = 9）

98　92　88　81　79　78　51　69　43　67

第 6 轮：（本轮 idofMax = 7）

98　92　88　81　79　78　69　51　43　67

第 7 轮：（本轮 idofMax = 9）

98　92　88　81　79　78　69　67　43　51

第 8 轮：（本轮 idofMax = 9）

98　92　88　81　79　78　69　67　51　43

经过 9 轮比较后完成全部成绩的排序，最后一个是自然排好的，不需要再单独去排一次。

选择法排序的 N-S 图如图 4-4 所示。

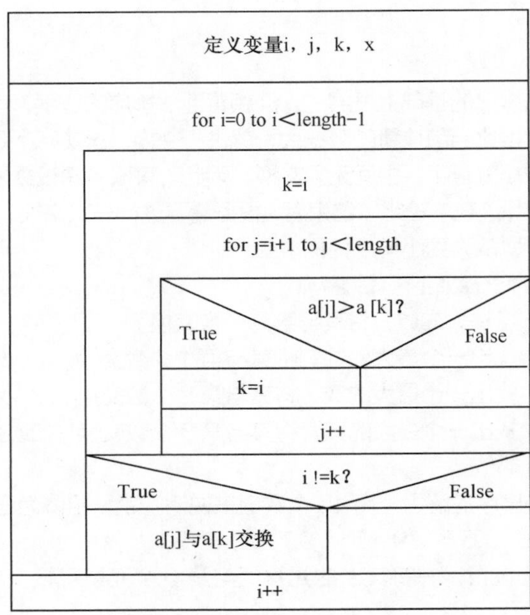

图 4-4　选择排序的 N-S 图

【例 4-5】选择法排序算法的实现。

```
import java.util.Scanner;

public class Example4_5 {

        public static void main(String[] args) {
                int[] n = { 100, 60, 80, 90, 75, 38 };

                int   i, j, k, x;
                for(i = 0; i < n.length-1; i ++ )
                {
                        k = i;
                        for(j = i + 1; j < n.length ;j ++ )
                        {
                                if (n[ j ] >n[ k ])
                                {
                                        k = j;
                                }
                        }
                        if (i!=k)
                        {
                                x = n[ i ];
                                n[ i ] = n[ k ];
                                n[ k ] = x;
```

```
                }
            }
            //输出排完序的数组
            for (i = 0; i < n.length; i++)
            System.out.print(n[i] + "\t");

        }

}
```

运行结果如下。

```
100     90     80     75     60     38
```

4.2 foreach 循环

JDK 1.5 引进了一种新的循环类型，被称为 foreach 循环或者加强型循环，它能在不使用下标的情况下遍历数组。

foreach 循环的基本结构如下。

```
for ( 变量修饰符  标识符变量: 表达式 ) 语句
```

表达式的结果必须为 iterable 类型的变量或者数组类型的变量，否则会产生编译错误。变量修饰符是表达式的 iterator()方法得到的元素的类型，或者是数组中元素的类型。标识符变量表示表达式的 iterator()方法得到的元素或者数组中的一个元素，有点类似于循环变量。foreach 语句的执行过程如下。

（1）自动指向数组或集合中的第一个元素。

（2）判断该元素是否存在，如果不存在，则结束循环。

（3）把元素的值赋给循环变量。

（4）执行循环体语句。

（5）自动指向下一个元素，之后从第（2）步开始重复执行。

循环体中的代码主要是对标识符变量的操作。

如果使用 I 表示元素的类型，标识符变量使用 i，表达式是 exp，要执行的语句为 stat，则 foreach 循环的格式如下。

```
for ( I i :exp)
{
    stat;
}
```

如果使用 for 循环结构，代码如下。

```
for(I i=exp.iterator();exp.hasNext();i=i.next())
{

}
```

【例 4-6】该实例用来显示数组 myList 中的所有元素。

```
public class Example4_6   {
        public static void main(String[] args) {
                double[] myList = {1.9, 2.9, 3.4, 3.5}; // 打印所有数组元素
                for (double element: myList)
                { System.out.println(element); }
        }
}
```

运行结果如下。

```
1.9
2.9
3.4
3.5
```

【例 4-7】统计指定数组中特定字符的个数。

程序分析：首先定义一个字符数组，然后使用循环从键盘输入数组中的元素。要统计这个数组中某个特定字符的个数，可以先定义一个记录特定字符个数的整型变量 charCount，然后遍历这个数组，遍历时将当前访问的数组元素和特定字符进行比较，如果相等，则 charCount 加 1，循环结束时 charCount 中记录了数组中特定字符的个数。程序中用到了字符串的 charAt 方法，以查找字符串中的字符。

```
import java.util.Scanner;

public class Example 4_7 {

        public static void main(String[] args) {
            System.out.println("请输入字符串");
            Scanner sc = new Scanner(System.in);
            char[] s = new char[5];
            for (int i = 0; i < s.length; i++) {
                s[i] = sc.next().charAt(0);
            }
            System.out.println("请输入要查找的字符");
            char c = sc.next().charAt(0);
            int charCount = 0;
            for (char charInString : s) {
                if (charInString == c) {
                    charCount++;
                }
            }
            System.out.println("该字符在字符串中有" + charCount + "个");
```

```
        }
}
```

运行结果如下。

```
请输入字符串
a
b
c
a
a
请输入要查找的字符
a
该字符在字符串中有 3 个
```

foreach 循环相对于 for 循环，代码减少了，但是 foreach 依赖 IEnumerable（IEnumerable 是一个接口，它定义一个方法 GetEnumerator，返回一个 IEnumerator 接口，然后实现 IEnumerable 的集合与 foreach 语句一起使用）。其在运行的时候效率低于 for 循环。当然，在处理不确定循环次数的循环，或者循环次数需要计算的情况下，使用 foreach 循环比较方便。而且 foreach 循环的代码经过编译系统的优化后，与 for 循环类似。

可以说，foreach 语句是 for 语句的特殊简化版本，在遍历数组、集合方面，它为开发人员提供了极大的方便。在进行复杂的循环设计时，还是应该使用 for 循环，因为 for 循环更加灵活。

（1）如果只是遍历集合或者数组，就用 foreach 循环。

（2）如果对集合中的值进行修改，确定循环次数，就要用 for 循环。

4.3 多维数组

多维数组可以看成是数组的数组，比如二维数组就是一个特殊的一维数组，其每一个元素都是一个一维数组，定义二维数组的格式如下。

```
数据类型  数组名[第一维长度][第二维长度];
```

例如，2010 年全国 70 个大中城市 1～12 月新建住宅价格同比指数可以用一个二维数组来存储，形式如下。

```
double  house[ 70 ][ 12 ] ;
```

4.3.1 二维数组的动态初始化

（1）直接为每一维分配空间，格式如下。

```
type arrayName = new type[arraylength1][arraylength2];
```

type 可以为基本数据类型和复合数据类型，arraylength1 和 arraylength2 必须为正整数，

arraylength1 为行数，arraylength2 为列数。

例如：

```
int a[][] = new int[2][3];
```

程序分析：二维数组 a 可以看成一个两行三列的数组。

（2）从最高维开始，分别为每一维分配空间，例如：

```
String s[][] = new String[2][];
s[0] = new String[2];
s[1] = new String[3];
s[0][0] = new String("Good");
s[0][1] = new String("Luck");
s[1][0] = new String("to");
s[1][1] = new String("you");
s[1][2] = new String("!");
```

程序分析：s[0]=new String[2]和 s[1]=new String[3]为最高维分配引用空间，也就是为最高维限制其能保存数据的最大长度，然后再为其每个数组元素单独分配空间，如 s[0][0]=new String(“Good”)等操作。

4.3.2 多维数组的引用与遍历

对于二维数组中的每个元素，引用方式为

```
arrayName[index1][index2];
```

例如：

```
num[1][0];
```

对于一个二维数组 a，遍历形式如下。

按行遍历：

```
for(i=0; i < 第一维长度; i++)
  for(j=0; j < 第二维长度; j++)
      //对数组元素 a[ i ][ j ]进行输入、输出或其他处理
```

按列遍历：

```
for(j = 0; j < 第二维长度; j ++)
  for(i = 0; i < 第一维长度; i ++)
      //对数组元素 a[ i ][ j ]进行输入、输出或其他处理
```

【例 4-8】编写程序，打印如下的杨辉三角形。

```
1
1     1
```

```
1    2    1
1    3    3    1
1    4    6    4    1
1    5    10   10   5    1
```

要解决本问题，需要分析杨辉三角形的特点。首先，杨辉三角形最左侧的列和对角线上的值均为 1，其他元素值均是其前一行同一列元素与前一行前一列元素值之和，另外，杨辉三角形的行数与列数相等。

```
public class Example4_8 {

        public static void main(String[] args) {
                final int N=6;
                int [][] yh=new int[N][N];
                int   row, col ;
                for ( row = 0 ; row < N ; row++)
                {
                        yh[ row ] [ 0 ] = 1;      //每行的最开头一列均赋值为 1
                        yh[ row ] [ row ] = 1;  //每行对角线上的元素均赋值为 1
                }

                for( row = 2; row < N;   row++)//从第 2 行开始，中间的元素需要计算
                {
                    /**
                    * 第 row 行上最多只有 row+1 列，且第 0 列和第 row 列已经被赋值为 1 了
                    * 当前位置的值是其前一行同一列元素与前一行前一列元素值之和

                     **/
                    for ( col = 1; col < row ; col++)
                      {
                          yh[ row] [ col ] = yh[ row-1 ] [ col ] + yh[ row-1 ] [ col- 1 ] ;
                    }
                }

                System.out.println(N+"阶杨辉三角" );

                for ( row = 0 ; row < N ; row++)
                {
                    for ( col = 0; col <= row ; col++ )

                    System.out.printf("%4d", yh[ row ][ col ] );
                    System.out.println();
                }
```

```
        }
}
```

4.4 Arrays 类

java.util.Arrays 类能方便地操作数组，它提供的所有方法都是静态的，具有以下功能。

（1）对数组赋值：通过 fill 方法。

（2）对数组排序：通过 sort 方法，按升序。

（3）比较数组：通过 equals 方法比较数组中的元素值是否相等。

（4）查找数组元素：通过 binarySearch 方法能对排列好的数组使用二分查找法进行操作。

具体说明见表 4-2。

表 4-2 Arrays 类常用方法

序号	方法和说明
1	public static int binarySearch(Object[] a, Object key)，用二分查找算法在给定数组中搜索给定值的对象（byte、int、double 等）。数组在调用前必须排好序。如果查找值包含在数组中，则返回搜索键的索引；否则返回 (-(插入点) -1)
2	public static boolean equals(long[] a, long[] a2)，如果两个指定的 long 型数组彼此相等，则返回 true。如果两个数组包含相同数量的元素，并且两个数组中的所有相对应元素都是相等的，则认为这两个数组是相等的。换句话说，如果两个数组以相同顺序包含相同的元素，则两个数组是相等的。同样的方法适用于所有其他基本数据类型（byte、short、int 等）
3	public static void fill(int[] a, int val)，将指定的 int 值分配给指定的 int 型数组指定范围中的每个元素。同样的方法适用于所有其他基本数据类型（byte、short、int 等）
4	public static void sort(Object[] a)，对指定对象数组根据其元素的自然顺序进行升序排列。同样的方法适用于所有其他基本数据类型（byte、short、int 等）

【例 4-9】 Arrays 数组类使用实例。分别使用 Arrays 类的 sort、binarySearch、equals 及 toString 方法对已知数组进行排序、查找、比较，以及将已知数组转为字符串操作。

程序分析：数组排序是按升序进行的。要查找数组中是否包含一个元素可使用 binarySearch 方法，如果能找到，则返回下标。使用二分查找法来查找指定数组，以获得指定对象。在调用此方法之前，必须根据元素的自然顺序对数组进行升序排序。如果没有对数组进行排序，则结果是不确定的。如果它包含在数组中，则返回搜索键的索引；否则返回 (-(插入点) - 1)。插入点被定义为将键插入数组的那一点：即第一个大于此键的元素索引，如果数组中的所有元素都小于指定的键，则为 a.length。equals()：如果两个指定的数组彼此相等，则返回 true。toString()：返回指定数组内容的字符串表示形式。字符串表示形式由数组的元素列表组成，均在方括号“[]”中，相邻元素用字符“，”（逗号加空格）分隔。

```
import java.util.Arrays;

public class Example4_9 {
```

```
    public static void main(String[] args) {
        //排序实例
        int[] arr= {84,48,69,7};
        System.out.println("排序前数组元素为");
        for(int i:arr) {
            System.out.print(i+" ");
        }
        Arrays.sort(arr); //对数组进行升序排列

        System.out.println("\n 排序后数组元素为");
        for (int i = 0; i < arr.length; i++) {
            System.out.print(arr[i]+"    ");
        }
        //查找实例

        int index = Arrays.binarySearch(arr, 35);       //对数组进行查找，看是否有 35
        System.out.println("\n35 在数组中的位置为"+index);
        //比较
        int[] arr1 = {1,2,3};
        int[] arr2 = {1,2,3};
        boolean b = Arrays.equals(arr1, arr2);
        System.out.println("两个数组比较的结果为"+b);
        //toString
        String[] str = {"i"," ","love"," ","java"};
        String s = Arrays.toString(str);
        System.out.println(s);
    }

}
```

运行结果如下。

```
排序前数组元素为
84 48 69 7
排序后数组元素为
7    48    69    84
35 在数组中的位置为-2
两个数组比较的结果为 true
[i,   , love,   , java]
```

4.5 枚举

在程序中，有时需要表示一种离散、个数有限的数据，比如四季只有 4 个离散的值——春、夏、秋、冬，则可以使用离散的整数来表示，如 1、2、3、4，但这种表示方法不直观也不容易记忆。在 Java 语言中可以通过定义表示季节的枚举类型来描述这种数据。

（1）定义枚举类型的语法如下。

```
[访问修饰限制符] enum 枚举名称    {
成员 1,
成员 2,
…
成员 n
}
```

例如:

```
//枚举类型，使用关键字 enum
enum Day {
        MONDAY, TUESDAY, WEDNESDAY,
        THURSDAY, FRIDAY, SATURDAY, SUNDAY
}
```

以上代码相当简洁，在定义枚举类型时使用的关键字是 enum，与 class 关键字类似，只不过前者定义枚举类型，后者定义类类型。枚举类型 Day 中分别定义了从周一到周日的值，这里要注意，值一般是大写字母，多个值之间以逗号分隔。同时我们应该知道的是枚举类型可以像类类型一样，定义为一个单独的文件，当然也可以定义在其他类内部，更重要的是枚举常量在类型安全性和便捷性方面都很有保证，如果出现类型问题，编译器也会提示我们改进，但务必记住枚举表示的类型其取值必须是有限的，也就是说每个值都是可以枚举出来的，比如一周共有 7 天。

（2）使用枚举类型的变量。使用枚举类型的变量与使用简单值类型的变量类似，首先需要声明变量，语法如下。

```
枚举类型名 枚举变量;
```

为枚举类型变量赋值时的语法为:

```
枚举变量=枚举类型名.枚举成员;
```

枚举变量和枚举值之间可以使用“==”进行比较，还可以在 switch 语句中使用枚举值。

【例 4-10】定义枚举 Color，用以描述 3 种颜色。

```
public class Example4_10 {

        public static void main(String[] args) {
                Color color = Color.RED;
                switch (color) {
                case BLACK:
                        System.out.println("黑色");
                        break;
                case RED:
```

```
                System.out.println("红色");
                break;
            case YELLOW:
                System.out.println("黄色");
                break;
            default:

            }
        }
}

enum Color {
        RED, BLACK, YELLOW
}
```

运行结果如下。

```
红色
```

switch 中的枚举变量已经指定了枚举的类型，case 中的枚举值不需要指定枚举类名，如果指定了枚举类名，则会产生编译错误。

4.6 本章习题

1. 从键盘输入若干整数（数据个数应小于 20），其值在 0~4 的范围内，用-1 作为输入结束的标识。编程统计输入的整数个数。

2. 编写一个简单程序，要求数组长度为 5，分别赋值 10、20、30、40、50，在控制台输出该数组的值。

3. 将一个字符数组的值（neusofteducation）复制到另一个字符数组中。

4. 给定一个有 9 个整数（{1, 6, 2, 3, 9, 4, 5, 7, 8}）的数组，先排序，然后输出排序后的数组。

5. 有两个多维数组分别是$\begin{bmatrix} 2 & 3 & 4 \\ 4 & 6 & 8 \end{bmatrix}$ $\begin{bmatrix} 1 & 5 & 2 & 8 \\ 5 & 9 & 10 & -3 \\ 2 & 7 & -5 & -18 \end{bmatrix}$，按照如下方式进行运算。生成一个 2 行 4 列的数组，此数组的第 1 行第 1 列是 2*1+3*5+4*2，第 1 行第 2 列是 2*5+3*9+4*7，第 2 行第 1 列是 4*1+6*5+8*2，以此类推。

第 5 章

方法

05

内容导学

本章介绍了 Java 语言中的方法，读者在学习完本章内容后，应能运用方法来解决实际问题，包括方法的定义、方法的调用、方法的分类、参数值传递、数组作为方法的返回值与参数、方法的重载与可变长参数的用法。

学习目标

① 掌握方法的定义。
② 掌握方法的调用方式。
③ 掌握基本数据类型作为参数与数组作为参数的区别。
④ 掌握方法的重载与可变长参数的用法。

Java 语言中的“方法”（Method）在其他语言中也可能被称为“函数”（Function）。对于一些复杂的代码逻辑，如果希望重复使用这些代码，并且做到“随时任意使用”，那么可以将这些代码放在一个大括号“{}”中，并命名。当使用这些代码时，直接找到名字即可调用。

5.1 方法的定义

首先了解关于方法的两个概念。

（1）参数：进入方法中的数据，有了这些数据，方法才能执行。

（2）返回值：从方法中出来的数据，也就是方法执行之后的最终结果数据。

在定义方法之前必须明确方法要实现的功能是什么，功能决定了方法如何实现。定义方法的基本格式如下。

```
修饰符  返回值类型  方法名称(参数类型 参数名称){
方法体
return 返回值;
}
```

定义格式的说明如下。

（1）修饰符：现阶段固定为 public static 关键字。

（2）返回值类型：方法最终产生的结果数据是什么类型。

（3）方法名称：自定义的名称，命名规则和变量一样。

（4）参数类型：进入方法的数据是什么类型。

（5）参数名称：进入方法的数据对应的变量名称。

（6）方法体：方法内部执行的若干行代码。

（7）return：结束方法的执行，并且将返回值返还到调用处。

（8）返回值：方法最终产生的结果数据。

注意

- **返回值必须和返回值类型对应。**
- **如果有多个参数，需要使用逗号分隔。**
- **如果没有参数，则小括号可以留空。**
- **多个方法的定义先后顺序无所谓。**
- **不能在一个方法内部定义方法。**

假设两个数分别为 a 和 b，找出两个数中的最大值，代码如下。

```
int max;
if(a>b)
        max = a;
else
        max = b;
```

第 1 行定义了一个整型变量，表示最大值。第 2~5 行判断如果 a 大于 b，则 a 是最大值，赋值给 max；否则 b 是最大值，赋值给 max。

在实现这个功能的时候，我们还不知道两个数分别是什么，所以假设两个数是 a 和 b，执行到方法调用时，a 和 b 的值就确定了，所以在编写方法时用 a 和 b 表示，在这里，a 和 b 是参数，其他地方在调用这个方法时需要先为这两个参数赋值，它们的值是由调用者决定的，所以称为形参。

在方法执行结束时，需要把执行的结果返回给方法的调用者，所以应使用 return 语句，下面的代码返回所求的最大值。

```
return max;
```

方法的返回值类型需要在定义方法的时候声明。

方法的最大好处是可以重复调用，而方法是通过名字来进行调用的，所以需要给方法指定一个名字。

方法的名字、参数和返回值通常称为方法头。上面方法的方法头可以写成如下代码。

```
public static int max(int a,int b)
```

其中，public static 是方法的修饰符，max 是方法的名字，max 前面的 int 是方法返回值类型，括号中的 int a,int b 称为形参。

求最大值的方法的完整代码如下。

```
public static int max(int a,int b){
        int max;
        if(a>b)
                max = a;
        else
                max = b;
        return max;
}
```

【例 5-1】编写一个方法，计算两个整数的和。

```
public static int add(int a,int b){
        int sum;
        sum = a+b;
        return sum;
}
```

该方法的功能是求两个整数的和，所以参数为两个整型变量 int a、int b，返回值类型为 int，并且在方法的最后要有一条 return 语句。如果在 main 方法中直接调用该方法，方法头的修饰符要加 static（原因将在第 6 章详细讲解）。

5.2 方法的调用

方法定义之后，没有调用就不会执行。常见的调用形式有 3 种。

（1）单独调用。这种方式无法使用方法的返回值。格式如下。

```
方法名称(参数值)
```

（2）打印调用。这种方式可以直接打印方法的返回值。格式如下。

```
System.out.println(方法名称(参数值))
```

（3）赋值调用。这种方式可以将方法的返回值赋值给一个变量，注意变量的数据类型必须和方法的返回值类型对应。格式如下。

```
数据类型  变量名称=方法名称(参数值)
```

方法的调用流程如图 5-1 所示。

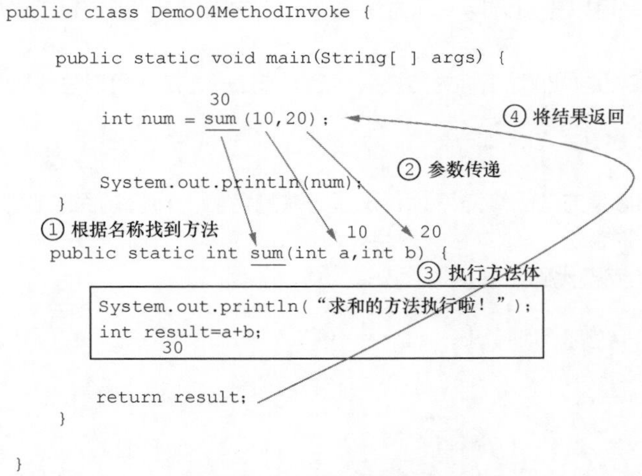

```
public class Demo04MethodInvoke {

    public static void main(String[ ] args) {

                  30
        int num = sum (10,20);          ④ 将结果返回

                                  ② 参数传递
        System.out.println(num);
    }
    ① 根据名称找到方法
                                10      20
    public static int sum(int a,int b) {
                                    ③ 执行方法体
        System.out.println("求和的方法执行啦！");
        int result=a+b;
             30

        return result;
    }

}
```

图 5-1　方法的调用流程

在调用方法的时候首先要知道方法是如何定义的。可根据名字调用方法，并且传递方法需要的参数，如果该方法有返回值，则需要定义一个与返回值类型相同的变量来接收返回值。例如，要调用求最大值的方法可以使用下面的代码。

```
int x=10;
int y=12;
int result = max(x,y);
```

注意 **调用的方法是 max(x, y)，使用的参数名字为 x 和 y，参数名字可以与方法定义不同，也可以相同。因为此处使用的是实参，也就是说在执行到此处时，x 和 y 的值是 10 和 12，也可以直接写成 max(10, 12)。而方法定义使用的是形参，仅仅表示有两个参数，但其值是由调用者决定的。**

【例 5-2】 编写一个 main 方法，调用【例 5-1】中的 add 方法。

```
public static void main(String[] args) {
        int y=12;
        int x=10;
        int result = add(x,y);
        System.out.println("两个数的和为："+result);
}
```

5.3 方法的分类

根据方法是否有返回值及参数，将方法分为 4 类。

1. 无参无返回值

无参无返回值方法常见于不需要输入，仅有输出，且不需要向其他方法返回处理结果的情况（如输出菜单或各种字符图形等），例如：

```
void display();
```

2. 有参无返回值

有参无返回值的方法比较少见，例如：

```
void   isFat( double weight, double height );
```

3. 无参有返回值

无参有返回值的方法较少见，例如：

```
int getRandNum();
```

4. 有参有返回值

有参有返回值方法是程序设计中最常见的一类。【例 5-1】就是有参有返回值的方法。有返回值和无返回值的方法执行流程的区别如图 5-2 所示。

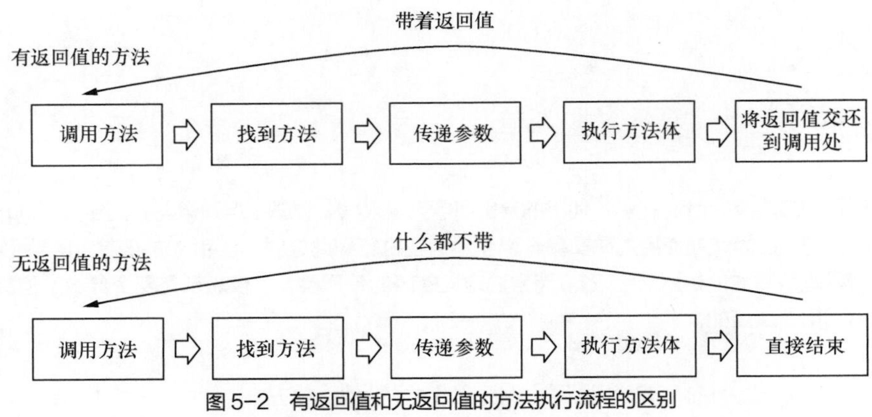

图 5-2　有返回值和无返回值的方法执行流程的区别

5.4 参数值传递

方法的参数分为两种：形参和实参。形参是在定义方法名和方法体的时候使用的，用于接收实际参数的参数。实参代表实际参数与运算的参数。在调用方法的时候，需要根据方法的参数为方法提供值，传递基本数据类型和传递引用类型是有区别的，本节讲解值传递，所谓值传递，就是将实际参数值的副本传入方法内，而实参本身不会受到任何影响。

【例 5-3】值传递应用实例。

```
//a,b 交换值的例子，但是这个只是值传递，a 和 b 的值不会变
public class Example5_3{
    public static void main(String[] args) {
        int a = 3,b = 4;
        fun1(a,b);                                    //实参
        System.out.println(a+"+++++"+b);
    }
    //类中的方法都以 public static 为前缀
    public static void fun1(int a,int b){       //形参
        int temp;
        temp = a;
        a = b;
        b = temp;
        System.out.println(a+"========"+b);
    }
}
```

运行结果如下。

```
4========3
3+++++4
```

程序分析：在 main 方法中，定义 a、b 两个变量并赋值后，调用 fun1 方法，调用时把 a、b 作为

参数传给 fun1；在 fun1 方法中，通过形参 a、b 接收实参 a、b 传过来的值，但是实参 a、b 和形参 a、b 各占自己的内存空间，虽然形参 a、b 在 fun1 方法中进行了交换，但是实参 a、b 的值并不受影响。因此，在 fun1 方法中输出 a、b 的值为 4 和 3，返回主方法后输出 a、b 的值为 3 和 4，如图 5-3 所示。

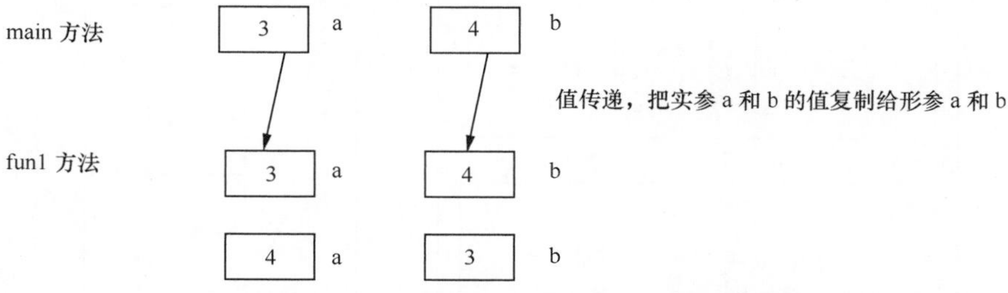

图 5-3　值传递示意图

5.5 数组作为方法的返回值和参数

数组可以作为参数传递给方法。数组作为方法参数传递，传递的参数是数组的内存地址。

【例 5-4】数组作为方法参数的应用实例。

```
public class Example5_4 {

        public static void main(String[] args) {

                int[] arr = { 11, 22, 33, 44, 55 };
                System.out.println("1 位置: " + arr);
                printArray(arr); //数组作为方法参数传递，传递的参数是数组的内存地址
        }

        public static void printArray(int[] arr) {
                System.out.println("2 位置: " + arr);
                for (int i = 0; i < arr.length; i++) {
                        System.out.print(arr[i]+"\t");
                }
        }

}
```

运行结果如下。

```
1 位置: [I@2a139a55
2 位置: [I@2a139a55
11	22	33	44	55
```

数组作为方法的参数时，实参和形参共占内存空间，实参传递数组的首地址给形参。数组作为方法参数传递数组的首地址，如图 5-4 所示。

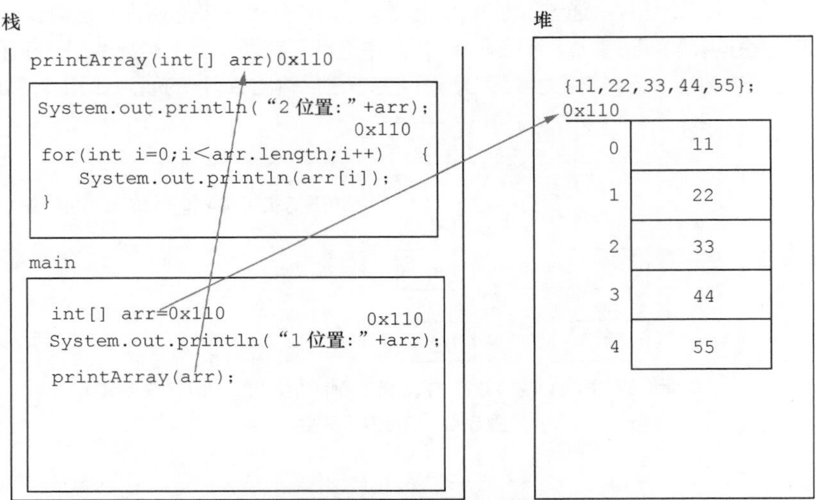

图 5-4 数组作为方法参数传递数组的首地址

数组还可以作为方法的返回值，返回数组在内存中的首地址。

【例 5-5】数组作为方法的返回值的应用实例。

```
public class Example5_5 {

        public static void main(String[] args) {
            //接收数组在内存中的首地址
            int[] arr = getArray();
            for (int i = 0; i < arr.length; i++) {
            System.out.println(arr[i]);
            }
        }
        /*
          创建方法，返回值类型是数组
          return 返回数组的地址
        */
        public static int[] getArray() {
            int[] arr = { 1, 3, 5, 7, 9 };
            //返回数组的地址，返回给调用者
            return arr;
        }

}
```

运行结果如下。

```
1
3
```

```
5
7
9
```

程序分析：主方法中定义 arr 数组，通过调用 getArray()为数组元素赋值，getArray()方法的返回值类型是数组，表示的是数组在内存中的首地址。

5.6 方法的重载

在 Java 语言中，同一个类中出现两个或两个以上名称相同、参数列表（包括参数的数量、类型和次序）不同的方法称为方法重载。方法重载一般用于对不同类型的数据进行相似的操作。当调用一个重载的方法时，Java 编译器通过检查调用语句中参数的数量、类型和次序就可以选择合适的方法。如果两个方法只是有不同的返回类型，则不能说这两个方法发生了重载。因为当 Java 编译器对重载方法进行调用时，只是简单地执行其参数与调用参数相匹配的方法版本。

【例 5-6】编写【例 5-1】中 add 方法的重载方法（不仅能求两个整数的和，还能求两个浮点数的和及 3 个整数的和）。在 main 方法中调用 add 方法分别求 12 和 10 的和，12.5 和 23.6 的和及 23、45、67 这 3 个整数的和。

```
public class Example5_6{
        public static void main(String[] args) {
              int y=12;
              int x=10;
              int result1= add(x,y);
              System.out.println("两个整数的和为："+result1);
              double result2=add(12.5,23.6);
              System.out.println ("两个浮点数的和为："+result2);
              int result3=add(23,45,67);
              System.out.println ("三个整数的和为："+result3);
        }
        public static int add(int a,int b){
              int sum;
              sum = a+b;
              return sum;
        }
        public static double add(double a,double b){
              double sum;
              sum = a+b;
              return sum;
        }
        public static int add(int a,int b,int c){
              int sum;
              sum = a+b+c;
              return sum;
```

```
        }
}
```

运行结果如下。

```
两个整数的和为：22
两个浮点数的和为：36.1
三个整数的和为：135
```

程序分析：该程序中定义了 3 个同名的方法 add，但是每个方法的参数都不同，返回值类型有的相同，有的不同。在调用该方法时，根据所传参数，编译器会自行决定究竟调用哪一个 add 方法。这样重载的方法都执行相关的任务，但可以满足用户对不同数据的计算，使程序更容易理解。

5.7 可变长参数

形参个数可变表示允许为方法指定数量不确定的形参。如果在定义方法时，在最后一个形参的类型后加 3 个点（...），则表明该形参可以接收多个参数值，多个参数值被当成数组传入。可变长参数的声明格式如下。

```
参数类型...参数名称
```

参数类型可以是各种类型，参数名称符合标识符命名规则即可。

【例 5-7】数组参数可变的应用实例。

```
public class Example5_7{
    public static void main(String[] args) {
        fun1(4,"abc","dsa","bfd");
    }
    public static void fun1(int a,String... books){ //这里面的 String... books 相当于 String[] books
        for(String book:books){
            System.out.println(book);
        }
        System.out.println(a);
    }
}
```

运行结果如下。

```
abc
dsa
bfd
4
```

程序分析：fun1 方法中的 String... books 相当于 String[] books，fun1 方法接收两个参数，第一个参数是整型变量，第二个参数是一个长度不确定的字符串数组，实参传过来 3 个字符串则打印 3 个字符串，若调用语句 fun1(4,"abc","dsa","bfd")改为 fun1(4,"abc","helloe","he","him")，则输出结果如下。

```
abc
helloe
he
him
4
```

注意 **对于可变长参数，要求必须定义在方法形参列表的最后位置，即一个方法中最多只能有一个可变的形参。**

5.8 本章习题

1. 编写一个方法，求整数 n 的阶乘，如 5 的阶乘是 1*2*3*4*5。
2. 编写一个方法，判断该年份是平年还是闰年。
3. 编写一个方法，输出大于 200 的最小的质数。
4. 编写一个方法，实现功能：定义一个一维的 int 数组，长度任意，然后将数组中的元素按从小到大的顺序输出（使用冒泡排序）（知识点：方法的定义和访问）。

第 6 章 面向对象编程

06

内容导学

对象在现实生活中随处可见，例如，我们身边的人、家里的电视机、大街上的小汽车等都是看得见、摸得着的对象。这些对象的共同点是：它们都有属性和行为。对象和类是 Java 语言程序设计的精髓，从本质上来说，学习 Java 语言就是学习对象和类的设计。本章介绍了 Java 语言中对象和类的概念、构造方法的定义与作用、变量的作用域、this 及 static 关键字的使用。

学习目标

① 了解面向对象的基本概念。
② 掌握类的定义与对象的创建。
③ 掌握构造方法的定义及作用。
④ 掌握变量的作用域。
⑤ 掌握 this 及 static 关键字的使用。
⑥ 掌握面向对象程序分析及设计方法。

6.1 面向对象的基本概念

面向对象编程（OOP，Object Oriented Programming）是开发应用程序的一种新方法、新思想。过去的面向过程编程常常会导致所有的代码都包含在几个模块中，在对程序进行一些修改时常常牵一动百，使程序难以阅读、扩展和维护。而使用 OOP 技术，常常要使用许多代码模块，每个模块都只提供特定的功能，它们之间是彼此独立的，这样就增加了代码重用的概率，更加有利于软件的开发、维护和升级。

现实世界中看到的每一个具体事物，如桌子、椅子、笔记本，乃至我们自己都是具体的对象。例如，张三和李四作为学生有一些共同特征，如学号、姓名、成绩等，但这些相同的特征在具体细节上又有所不同，因此他们成为学生类中迥然不同的两个对象。由此可见，在现实世界中是先有一个个具体的对象，为了更好地分析和认识这些对象，将这些具体的对象抽取出共有的特征而形成了类。但在软件系统中为了描述真实世界中的对象，必须先描述类。

在面向对象编程中，算法与数据结构被看作一个整体，称作对象，现实世界中任何类的对象都具有一定的属性和操作。所以可以用下面的等式来定义对象和程序。

对象=（算法 + 数据结构），程序=（对象 + 对象 + …）。

在面向对象的思想中，“万物皆对象”。我们认知世界是从具体到抽象的。我们把相同类型的对象抽象出来，就是类。对象是具体的，而类是抽象的，面向对象编程是从具体到抽象，再从抽象到具体的过程。类和对象的关系如图 6-1 所示。

类是一种数据类型，对象是属于某种类型的一个变量。类是对象的蓝图，这个蓝图就像汽车制造厂制造汽车的图纸一样，一种车型的图纸可以生产成千上万辆相同型号的汽车。同样，在程序设计中，定义好一个类以后可以以该类为蓝图创建很多实例对象。

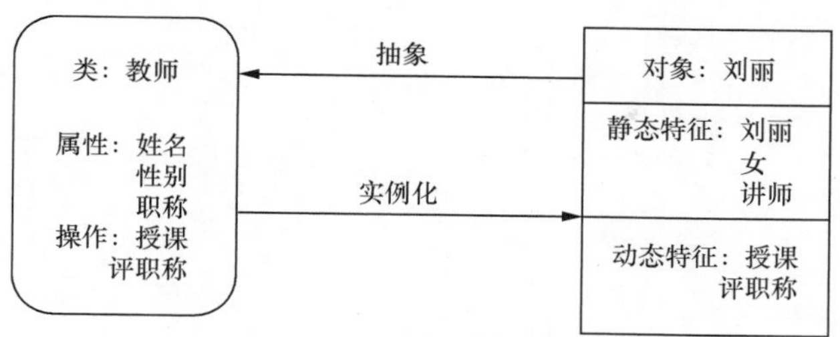

图 6-1　类和对象的关系

6.2 类与对象

Java 是完全面向对象的语言，所有的代码都由类组成。前面学过的实例程序都是只含有 main 方法的类，类的主要功能还没有被用到。

类是对象的模板，包含属性数据及操作属性数据的方法。类中定义的数据称为成员变量和域变量，处理这些数据的代码称为成员方法或简称方法，成员变量和成员方法统称为类的成员。尽管类的定义中没有对成员变量和成员方法加以限制，但设计完好的类应该定义逻辑合理的成员变量和成员方法。例如，定义表示学生的类属性数据可以包括学号、姓名，但不应该包括股市信息、平均降雨量等与学生无关的信息；类中可以既包括成员变量，又包括成员方法，也可以只包括成员变量或只包括成员方法，甚至可以是没有任何成员变量和成员方法的空类。定义类的目的是以类为模板创建对象，对象创建后，系统为对象分配内存，保存对象的成员变量值。

6.2.1 类的定义

类定义的语法如下。

```
[修饰符] class 类名
{
属性定义（声明）
方法定义（声明）
}
```

其中，修饰符用来说明类的特殊性质，分为访问控制修饰符、抽象修饰符（abstract）、最终修饰符（final）3 种。类头定义中 class 是关键字，应小写（Java 是大小写敏感的语言）。类名要符合 Java 语言定义标识符的规定。

在类定义中，包含在左右大括号之间的部分称作类体，类体定义主要完成对类的属性和方法的定义。

【例 6-1】定义福娃类。

```
public class Doll{
  /**
   * 福娃的名字
   */
    private String name;
    public Doll(String name){
```

```
            this.name=name;
        }

        /**
         * 福娃说话
         */
        public void speak(){
            System.out.println(name);
        }
}
```

编译该类后，除了保存的扩展名为.java 的文件外，还生成了一个新的扩展名为 class 的文件，该文件就是编译类生成的字节码文件。

代码分析如下。

【例 6-1】展示了 Java 语言如何定义一个类。首先类定义是由关键字 class 描述的，其次类定义中可以包含属性定义和方法定义两部分，这两部分是放在类定义的左右大括号之间的。类中的属性表示该类对象的状态或者特征，而方法表示该类对象的行为，行为用于改变对象自身的状态，或者向其他对象发送消息。

Doll 是一个“福娃”类，要想描述一个福娃，必须指明这个福娃的名字。作为所有“福娃”对象的共有特征，在类定义时就需要定义一个属性 name，代表“福娃”的名字，在 Doll“福娃”类中还定义了一个方法 speak，是用来表示福娃讲话功能的。在这个实例程序中，属性声明放在方法定义之前。其实，在类定义中属性和方法按照任何顺序声明都是合法的。

一个类的属性可以是简单类型，如 int、double、char 等，也可以是其他类的对象或数组等复杂的数据类型，如【例 6-2】所示。

【例 6-2】其他类的对象作为本类的属性。

```
class Eye{
  void open()
  {}
  void close()
  {}
}
class Face{
  //Eye 类的对象作为本类的属性
  Eye eyes;
  void smile(){
  }
}
```

【例 6-2】中 Eye 类的对象 eyes 作为 Face 类的属性。如果在引用（引用可以理解为别名）eyes 属性前没有为其赋值（将其作为其他 Eye 类的对象的引用），系统会自动将 null（null 是 Java 语言中提供的关键字，表示“空”）赋给 eyes。

（1）属性定义。

属性是指在类体左右大括号之间、在所有方法外定义的变量，如果是在类内且在方法内定义的变量则是局部变量。在类定义中，属性声明和方法定义可以采用任何顺序，并且如果没有给定属性的初始值，系统会根据数据类型设定一个默认值。属性声明的语法结构如下。

```
[修饰符]变量类型 变量名[= 变量初始值];
```

例如，定义如下属性。

```
String name = "zhangsan";
  int age = 32;
  double salary = 2000;
```

一个类中可以包括多个属性，也可以没有属性。属性也可以有修饰符，将在后面的章节中介绍。

（2）方法定义。

方法的使用请参考第 5 章。

【例 6-3】定义一个描述人的类，包括姓名和年龄属性，以及说话和睡觉方法。

```
public class Person {
  String name;
  int age;

  void speaking() {

  }

  void sleeping() {

  }
}
```

6.2.2 创建对象

类是用来定义对象的属性和方法的模板。可以从一个类中创建许多（对象）实例，这个过程被称为实例化。对象和实例这两个词通常可以互换。

创建对象的语法格式如下。

```
类名  对象名  =new 类名();
```

调用对象属性和方法的语法格式如下。

```
对象名.属性名
对象名.方法名(实参列表)
```

【例 6-4】【例 6-1】的测试类创建对象。

```
public class TestDoll{
```

```
        //应用程序的入口方法
        public static void main(String[] args){
            Doll beibei=new Doll("贝贝");   //创建福娃贝贝
            Doll jingjing=new Doll("晶晶");   //创建福娃晶晶
            Doll huanhuan=new Doll("欢欢");   //创建福娃欢欢
            Doll yingying=new Doll("迎迎");   //创建福娃迎迎
            Doll nini=new Doll("妮妮");   //创建福娃妮妮
            beibei.speak();   //福娃贝贝说话
            jingjing.speak();   //福娃晶晶说话
            huanhuan.speak();   //福娃欢欢说话
            yingying.speak();   //福娃迎迎说话
            nini.speak();   //福娃妮妮说话
        }
    }
```

因为所有的 Java 程序都是由类组成的，为了测试 Doll 类的功能，需要定义一个类，即 TestDoll 类，这个类的类头定义部分出现了一个新的修饰符 public，这是一个访问控制修饰符，被这个修饰符修饰的类原则上可以被任何其他类引用。这个测试类只有一个方法，即 main 方法。main 方法是本程序执行的入口，因此，也把 TestDoll 类称为主类。如果一个 Java 源文件中包含多个类定义，则此 Java 源文件的文件名必须和主类的类名一致，这就是在代码编辑时将源文件命名为 TestDoll 的原因。

main 方法的修饰符中出现了一个静态修饰符 static，被 static 修饰的方法是属于该类的方法，无须创建对象即可直接调用。在 main 方法中完成了对 Doll 类的对象 beibei、jingjing、huanhuan、yingying、nini 的声明及创建。创建 beibei 对象的语句如下。

```
Doll beibei=new Doll("贝贝");
```

其中，Doll beibei 是对象的声明，这条语句只是简单地把类 Doll 和对象 beibei 联系起来，此时并没有为 beibei 分配内存空间，但该变量已有了一个特殊的值 null，表示对象尚未创建。new Doll ("贝贝") 创建了类 Doll 的一个对象，即在内存中为其分配空间。beibei=new Doll ("贝贝") 语句对 beibei 而言，它的值是一个引用，是对 new Doll ("贝贝") 在内存中分配的一段存储地址的一个引用。

对象创建出来后，该对象的属性和方法就可以通过对象名加上“.”来引用，如【例 6-4】中的“beibei.speak();”通过对象名 beibei 来调用 speak 方法。

6.3 构造方法

构造方法是一种特殊的方法，它是一个与类同名的方法。对象的创建就是通过构造方法来完成的，其功能主要是完成对象的初始化。当类实例化一个对象时会自动调用构造方法。

在【例 6-1】的类 Doll 中创建对象是通过语句“new Doll ("贝贝")”来实现的，这里的 Doll("贝贝")就是构造方法。实例化对象就是给对象分配内存空间，并将对象初始化，对象的初始化就是给对象的属性字段赋初值，是由类的构造方法来完成的。对象在创建过程中，其实有些属性是与生俱来的，如一个人的性别、肤色、父母等。因此，在对象创建的时候就进行初始化，则更加自然与方便。

1. 构造方法定义的语法

```
[修饰符]类名(参数列表 )
{
    //具体实现
}
```

Doll 类的构造方法定义如下。

```
public Doll(String name){
    this.name=name;
}
```

说明 （1）构造方法名与类名一致。
（2）构造方法没有返回值类型。
（3）如果没有定义构造方法，系统会生成一个默认的无参的构造方法。
（4）如果在定义类时定义了带参的构造方法，系统将不会提供无参的构造方法。
（5）构造方法只能用 new 在创建对象时调用，不能通过对象名调用。
（6）构造方法不能被 static、final、synchronized、abstract 和 native 修饰。

2. 构造方法重载

构造方法和其他方法一样也可以重载，如果一个类定义了多个构造方法，它们之间就是重载关系，要根据创建对象时的参数决定所调用的构造方法。没有参数的构造方法称为默认构造方法，与一般的方法一样，可以利用构造方法进行各种初始化活动，如初始化对象的属性。

【例 6-5】定义一个圆类（Circle），描述圆对象。圆有一个属性 radius 表示半径；有两个构造方法，一个是无参的构造方法，设置半径默认值为 5，另一个是有参的构造方法，通过参数对半径进行初始化；还有一个 findArea 方法用于计算圆的面积。定义一个测试类，在测试类中分别使用两个构造方法创建半径为 5 和 10 的圆，求出这两个圆的面积并且打印出来。

Cirlce 类的定义如下。

```
public class Circle {
    private double radius;
    public Circle(double radius1) { //定义有参的构造方法
        radius = radius1;
    }
    public Circle(){//定义无参的构造方法
        radius=5;
    }
    public double findArea(){
        double area;
        area=radius*radius*Math.PI;
        return area;
    }
}
```

测试类的定义如下。

```
public class TestCircle {
    public static void main(String[] args) {
        // TODO Auto-generated method stub
        Circle c=new Circle(); //调用无参的构造方法
        Circle c1=new Circle(10); //调用有参的构造方法
        System.out.printf("半径为 5 的圆的面积为%9.2f",c.findArea());
        System.out.printf("半径为 10 的圆的面积为%9.2f",c1.findArea());
    }

}
```

运行结果如下。

```
半径为 5 的圆的面积为     78.54   半径为 10 的圆的面积为    314.16
```

程序分析：在 Circle 类中定义了两个构造方法，分别为默认构造方法和属性 radius 进行初始化的有参构造方法。Circle 类中还定义了一个求面积的方法。在主方法中分别调用默认无参的构造方法和有参的构造方法实例化两个圆，然后输出两个圆的面积。

6.4 变量的作用域

变量的作用域是指变量在程序中的可使用范围。本书第 2 章就介绍了变量，下面来看一下各种类别变量的作用域。

首先，类体由两部分构成，一部分是属性的定义，另一部分是方法的定义（一个类中可以有多个方法）。类的属性就是定义在类的内部、方法的外部的变量，而定义在方法内的变量称为局部变量，两者的作用域是不同的。

属性的作用域是整个类，属性和方法在类中可以按任何顺序声明。

局部变量的作用域从该变量的声明开始到包含该变量的块结束，并且局部变量必须先声明后使用。形参实际上是一个局部变量，一个方法中形参的作用域覆盖整个方法。

如图 6-2 所示，通过 Employee 类来了解属性和形参的作用域，在 Employee 类中有 3 个属性，它们的作用域都是整个类的内部，例如，可以在方法 raise 中应用 name 属性和 salary 属性；而形参 p 的作用域仅仅是方法 raise 的内部，在 raise 方法的外部，p 就不能被使用了。

```
属性的作用域:
public class Employee     {
   String name  ;
   int      age  ;
   double salary   ;
void raise  (double p  ){
         salary =salary +p;                          形参的作用域
      System .out .println (name +
"涨工资之后的工资为   :  " +  salary );
         }
}
```

图 6-2 属性和形参的作用域

图 6-3 所示是一个使用循环语句求水仙花数的实例。在 for 循环头中定义的循环变量 i，其作用域是整个 for 循环，而在循环内定义的局部变量 a、b 和 c，它们的作用域都是从定义的地方开始到包含它的块结束。

```
public class Narcissus {
    public static void main (String[] args ) {
        for (int i = 100 ; i < 1000 ; i++) {
            int a = i % 10 ;
            int b = ( i / 10 ) % 10 ;
            int c = i / 100 ;
          if (a*a*a + b*b*b + c*c*c == i)
              System .out .println (i) ;
        }
      }
}
```


图 6-3 方法内部局部变量的作用域

类变量只能声明一次，但是在方法内不同的非嵌套块中可以多次声明名称相同的变量。

如果局部变量和一个类变量同名，那么在局部变量的作用域内类变量被隐藏。

【例 6-6】变量的作用域。

```
public class Example6_6 {
    int x = 0;
    int y = 0;

    void method() {
        int x = 1;
        System.out.println("x=" + x);
        System.out.println("y=" + y);
    }

    public static void main(String[] args) {
        Example6_6 e = new Example6_6();
        e.method();
    }
}
```

运行结果如下。

```
x=1
y=0
```

程序分析：由上面的运行结果可以看出，属性 x 的值在方法 method 中被局部变量 x 的值所隐藏，因此，输出 x，指的是局部变量。

如果此时还需要打印属性的值怎么办呢？下面的内容可以解答这个问题。

6.5 this 关键字

当创建好一个对象时，Java 虚拟机就会给它分配一个引用自身的指针：this。所有对象默认的引用都是 this。this 的用途有两种。

第一种是引用属性，当方法中的参数与某个属性有相同的名称时，局部变量（参数）优先，属性被隐藏。然而有时为了能够在方法中引用隐藏的属性，就可以使用 this 区分，有 this 引用的就是属性，没有 this 引用的就是方法中的局部变量或参数，如【例 6-7】所示。

【例 6-7】使用 this 引用属性。

```
class Example6_7{
    private int x,y;
    public void test(int x,int y) {
     setX(x);        // 也可以写为“this.setX(x);”，这种情况下 this 可以省略
    }
    void setX(int x){
     this.x = x;     // this.x 是该对象的属性 x，等号后的 x 是 setX()方法中的参数
    }
}
```

第二种是引用构造方法，构造方法的 this 指向同一个类中不同参数列表的另外一个构造方法，如【例 6-8】所示。

【例 6-8】使用 this 引用构造方法。

```
public class Platypus {
    String name;
    Platypus(String name){
        this.name = name;        // 第一种情况
    }

    Platypus(){
        this("John/Mary Doe");   // 第二种情况
    }
    public static void main(String[] args){
        Platypus p1 = new Platypus("digger");
        Platypus p2 = new Platypus();
    }
}
```

在上面的代码中，有两个不同参数列表的构造方法。第一个构造方法：给类的成员 name 赋值。第二个构造方法：调用第一个构造方法，给成员变量 name 赋一个初始值“John/Mary Doe”。

> **提示**
> **在构造方法中，如果要使用关键字 this，那么必须将其放在第一行，否则会导致编译错误。**

6.6 static 关键字

实例变量存储在不同的内存空间，是属于某个对象的，那么如何让一个类的所有实例共享一个变量的值呢?

方法就是使用 static 修饰，用 static 修饰的属性称为静态属性或类属性（而不是类的属性），用于描述一个类下所有对象共享的属性，如同校学生的学校名称、员工所在的公司名等。这种属性的特点是所有此类实例共享此静态变量，一个对象改变了这个属性的值，其他对象在调用这个属性时，值也会改变，也就是说在类装载时，只分配一块存储空间，所有此类的对象都可以操控此块存储空间。

static 可以修饰的元素包括属性、方法和代码块。需要注意的是，static 只能修饰类成员，不能修饰局部变量。static 的应用如图 6-4 所示。

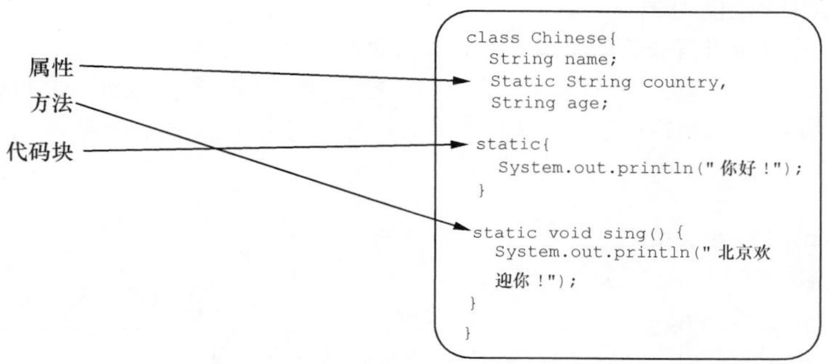
属性
方法
代码块
class Chinese{
String name;
Static String country,
String age;
static{
System.out.println(" 你好 !");
}
static void sing() {
System.out.println(" 北京欢
迎你 !");
}
}

图 6-4　static 的应用

使用 static 修饰的属性称为静态变量，静态变量是所有对象共享的，也称为类变量，用 static 修饰的成员变量在类被载入时创建，只要类存在，static 变量就存在。

静态变量定义的格式如下。

```
static　数据类型　变量名;
```

例如：

```
static String schoolName = "× ×大学";
```

类常量定义的格式如下。

```
final static 数据类型 变量名 = 值;
```

例如：

```
final static double PI = 3.14;
```

有两种方式可以对静态变量进行访问。

（1）直接访问：类名.属性。

（2）实例化后访问：对象名.属性。

如果一个方法有 static 修饰，这个方法就称为静态方法或类方法（而不是类的方法）。调用类方法时可通过类名直接调用，也可通过对象名调用。类方法定义的格式如下。

```
[修饰符] static 返回值类型 方法名（参数列表）{
//方法体
}
```

有两种方式可以对静态方法进行访问。

（1）直接访问：类名.方法名()。

（2）实例化后访问：对象名.方法名()。

使用 static 修饰方法的作用有以下两点。

（1）简化方法的使用。

（2）便于访问静态属性。

使用静态方法须注意以下 3 点。

（1）静态方法中只能直接访问静态成员，而不能直接访问类中的非静态成员。

（2）静态方法中不能使用 this、super 关键字。

（3）静态方法不能被非静态方法覆盖，static 不能修饰构造方法。

static 还能修饰静态代码块。一个类中由 static 关键字修饰的、不包含在任何方法体中的代码块，当类被载入时，代码块会被执行，且只被执行一次。静态代码块经常用来进行类属性的初始化。

【例 6-9】使用 static 关键字。

```
public class Example6_9 {
    public static void main(String[] args) {
        Employee2.setMin(600);                    // 这里是使用类名调用的
        Employee2 e1 = new Employee2("张三", 29, 3000);
        System.out.println("e1 中员工最低工资：" + e1.getMin());
        Employee2 e2 = new Employee2("李四", 22, 300);
        System.out.println("e2 中员工最低工资：" + e2.getMin());
        e1.raise(500);
        e2.raise(400);
    }
}

class Employee2 {
    String name;
    int age;
    double salary;
    static double min_salary;                     // 类属性，对所有的对象都一样，共享一个存储空间

    public Employee2(String n, int a, double s) {
        name = n;
        age = a;
        salary = s;
    }

    public static double getMin() {
```

```
        return min_salary;
    }

    public static void setMin(double min) {

        min_salary = min;
    }

    void raise(double p) {
        if (salary < min_salary)
            salary = min_salary;
        else
            salary = salary + p;
        System.out.println(name + "涨工资之后的工资为：" + salary);
    }
}
```

运行结果如下。

```
e1 中员工最低工资：600.0
e2 中员工最低工资：600.0
张三涨工资之后的工资为：3500.0
李四涨工资之后的工资为：600.0
```

【例 6-10】使用 static 定义静态代码块，它的作用是当对类中的属性进行复杂的初始化时，使用代码块。静态代码块在类体内用花括号括起来，当创建这个类的对象时，JVM 会执行代码块中的内容。

```
class Chinese {
 String name;
 static String country;// 静态变量、类变量
 String age;
 static {
     System.out.println("静态的代码块");
     System.out.println("hello");

 }
 static void sing() {
     System.out.println(" 北京欢迎你");
 }
 void test() {
     Chinese.sing();
     sing();
 }
}
public class TestChinese {
```

```
    public static void main(String[] args){
        Chinese zhao = new Chinese();
        //zhao.country = "China";
        System.out.println();
        Chinese wang = new Chinese();
        System.out.println("wang 的国籍是"+wang.country);
        Chinese.sing();
    }
}
```

运行结果如下。

```
静态的代码块
hello

wang 的国籍是 null
北京欢迎你
```

【例 6-11】定义一个静态方法描述把大象放入冰箱的步骤。

```
class Icebox {
    static void putThings(String things){
        System.out.println("把冰箱门打开");
        System.out.println("把"+things+"放进来");
        System.out.println("把冰箱门关上");
    }
}
public class Mine {
    public static void main(String[] args){
        Icebox.putThings("大象");
    }
}
```

运行结果如下。

```
把冰箱门打开
把大象放进来
把冰箱门关上
```

6.7 面向对象编程实践

前面介绍了类和对象的使用、构造方法的作用及定义方式，以及 this 与 static 关键字的使用。下面我们综合运用上面的知识编写几个实例程序，理解面向对象编程的基本思路。

【例 6-12】按要求完成 Person 类的定义与使用。

（1）定义一个 Person 类。

① 定义一个方法 sayHello()，可以向对方发出问候语“Hello”。

② 有 3 个属性：名字、年龄和身高。

```
public class Person
{
    String name;
    int age;
    double height;

    public void sayHello()
    {
        System.out.println("Hello");
    }
}
```

（2）定义一个 PersonCreate 类。

① 创建两个对象，分别是 zhangsan、33、1.73；lisi、44、1.74。

② 分别调用对象的 sayHello()方法。

```
public class PersonCreate
{
    public static void main(String[] args)
    {
        Person p = new Person();
        p.name="zhangsan";
        p.age=33;
        p.height=1.73;
        p.sayHello();

        Person q = new Person();
        q.name="lisi";
        q.age=44;
        q.height=1.74;
        q.sayHello();
    }
}
```

【例 6-13】按要求完成汽车类 Vehicle 的定义与使用。

定义一个汽车类 Vehicle，要求如下。

（1）属性包括汽车品牌 brand（String 类型）、颜色 color（String 类型）和速度 speed（double 类型），并且所有属性均为私有。

（2）至少提供一个有参的构造方法（要求品牌和颜色可以初始化为任意值，但速度的初始值必须为 0）。

（3）为私有属性提供访问器方法。注意：汽车品牌一旦初始化就不能修改。

（4）定义一个一般方法 run()，用打印语句描述汽车行驶的功能。

```
public class Vehicle {
    private String brand;
    private String color;
    private double speed;
    Vehicle(){

    }
    Vehicle(String brand,String color){
        this.brand = brand;
        this.color = color;
        speed = 0;
    }
    public String getColor() {
        return color;
    }
    public void setColor(String color) {
        this.color = color;
    }
    public double getSpeed() {
        return speed;
    }
    public void setSpeed(double speed) {
        this.speed = speed;
    }

    public void run(){
        System.out.println(getColor()+"的"+getBrand()+"的速度是"+getSpeed());
    }
    public String getBrand() {
        return brand;
    }
}
```

6.8 本章习题

1. 如果一个类定义中已经定义了构造方法，Java 还会给它定义默认的构造方法吗？

2. 定义一个点类 Point，包含两个成员变量 x、y，分别表示 x 和 y 坐标，两个构造器 Point()和 Point(int x0, y0)，以及一个 movePoint（int dx, int dy）方法实现点的位置移动。编写一个程序，创建两个 Point 对象 p1、p2，分别调用 movePoint 方法后，打印 p1 和 p2 的坐标。

3. 定义一个矩形类 Rectangle。

（1）定义 3 个方法：showAll()、getArea()、getPer()，分别在控制台输出长和宽、面积、周长。

（2）有两个属性：长 length、宽 width。

（3）通过构造方法 Rectangle(int width, int length)，给上面两个属性赋值。

4. 定义一个笔记本电脑类，该类有颜色（char）和 cpu 型号（int）两个属性。

（1）无参和有参的两种构造方法；有参构造方法可以在创建对象的同时为每个属性赋值。

（2）输出笔记本电脑信息的方法。编写一个测试类，测试笔记本电脑类的各个方法。

5. 设计一个 Student 类，该类包括姓名、学号和成绩。设计一个方法，按照成绩从高到低的顺序输出姓名、学号和成绩信息。

第 7 章 深入类

07

内容导学

继承是面向对象程序设计方法的 3 个特性之一。通过继承可以利用已有的类扩展出新类。继承就是复用这个类的成员变量和成员方法，并在新类中添加新的成员。本章首先介绍 Java 语言中继承的概念，包与访问控制修饰符、final 修饰符，然后介绍抽象类和抽象方法、多态，最后介绍类的组合的语法及组合与继承的结合。

学习目标

① 掌握继承的概念与定义。
② 掌握继承的构造方法。
③ 了解 Java 语言中类的层次结构。
④ 掌握 super 关键字的使用方法。
⑤ 掌握多态的概念。
⑥ 掌握多态的实现机制及动态绑定思想。
⑦ 掌握 instanceof 运算符的使用。
⑧ 掌握组合的概念及组合与继承相结合的应用。
⑨ 了解继承机制在软件开发中的优点。

7.1 重用方式一——继承

众所周知，面向对象有三大特性，即封装、继承和多态。继承是 Java 面向对象编程技术的一块基石，因为它允许创建分等级层次的类。继承和现实生活中的“继承”的相似之处是保留一些父辈的特性，从而减少代码冗余，提高程序运行效率。本节首先介绍继承的基本概念与语法格式，然后介绍属性的继承与隐藏、方法的继承与覆盖、Object 类及其常用方法，最后介绍继承关系中的构造方法及 super 关键字的用法。

7.1.1 继承的定义

在面向对象程序设计中类和类之间是彼此相关的，其中有一种关系是 is-a，如苹果是水果的一种，这就是继承关系。继承就是子类继承父类的特征和行为，使得子类对象（实例）具有父类的实例域和方法，或子类从父类继承方法，使得子类具有与父类相同的行为。例如，学校成员包括很多种，其中学生就是学校成员中的一种。这时学生类和学校成员类这两个类之间就是 is-a 的关系，但前者比后者有更丰富的信息，面向对象中把这种关系称为继承关系。在这里应是学生类继承学校成员类，那么用 Java 语言如何来展现这种继承关系呢？这是本节要讨论的问题。Java 语言中实现继承的基本语法如下。

```
[修饰符]  class  子类名 extends 父类名
{类体定义}
```

例如：

```
class  Student extends SchoolMember
{…}
```

父类中应该定义共有的属性和方法，子类除了可以继承父类中定义的属性和方法外，还可以根据自己的具体特点定义自己特有的属性或方法。

注意

Java 类只支持单重继承，即只有一个父类的继承关系。

【例 7-1】类的继承关系实例。定义一个 SchoolMember 类，包含姓名和角色两个属性，以及获取和修改姓名、获取和修改角色方法，还包括介绍自己的 introduce 方法。Student 类继承自 SchoolMember 类，添加了专业属性、获取和修改专业方法，以及介绍学生基本信息的方法。

```
class SchoolMember
{
    //定义姓名、角色两个属性
    String  name;
    char  role;
    //方法定义
    public String getName()
    {
        return name;
    }
    public void setName(String n)
    {
        name=n;
    }
    public char getRole()
    {
        return role;
    }
    public void setRole(char r)
    {
        role=r;
    }
    public void introduce()
    {
        System.out.println("name is:"+name+";role is:"+role);
    }
}

//Student 类继承自 SchoolMember 类
class Student extends SchoolMember
```

```
{
    //属性定义，表示主修专业
     String    major;
    public String getMajor()
    {
        return major;
    }
    public void setMajor(String m)
    {
        major=m;
    }
    public void introduce()
    {
        System.out.println("name is:"+name+";role is:"+role+";major in
            :"+major);
    }
}
```

【例 7-1】定义了两个类，一个是父类 SchoolMember，另一个是子类 Student，这两个类之间就是继承关系，Student 类继承自 SchoolMember 类。这种继承关系在语法上通过子类 Student 定义的类头中的 extends 关键字体现出来，extends 关键字后面的就是父类的类名。从这段程序还能看出，父类 SchoolMember 中定义的属性和方法是所有在校人员的共有特征，如姓名、角色，获取和设定姓名以及角色等功能。子类 Student 除了具有父类的这些特征外，还有自己的特殊性，如每位学生都有自己的主修专业及获取和设定主修专业的功能，所以在子类的定义中又扩展定义了这些内容。

请根据【例 7-1】中 SchoolMember 的定义，派生出一个 Teacher 类，该类除了具有父类的特征外，还有一个特殊的字符串类型的属性 teach，表示主讲课程，配套的还应该有和该属性对应的访问器方法，同时需要在 Teacher 类的 introduce 方法中输出主讲课程。

7.1.2 属性的继承与隐藏

上面介绍了在 Java 语法中如何实现继承关系，一旦两个类之间具有了继承关系，原则上子类就可以继承父类的属性和方法。前面章节介绍过属性和方法可以被访问控制修饰符修饰，那么是否父类中被所有访问控制修饰符修饰的属性和方法都能被子类无条件地继承呢？当父类和子类处于不同的包时，情况是否又有所不同呢？下面先来看属性的继承。

（1）当父子类定义在同一个包中时，父类的所有非私有属性可以被子类继承。

（2）当父子类定义在不同包中时（父类被 public 修饰），父类中被 public 和 protected 修饰的属性可以被子类继承。

1. 父子类在同一包中定义

假设同一包中有父类 Base、子类 Inh，我们希望通过【例 7-2】归纳出父类中哪些访问控制修饰符修饰的属性可以被子类无条件地继承。

【例 7-2】 同一包中属性继承实例。同一包的子类可以继承父类的非私有属性。

```
class Base
{
        private int a;
        protected double b;
        char c;
        public   String d ;
}
//Inh 继承自 Base 类
class Inh extends Base
{
        public void outputA()
        {
              System.out.println("a="+a);
        }
        public void outputB()
        {
              System.out.println("b="+b);
        }
        public void outputC()
        {
              System.out.println("c="+c);
        }
        public void outputD()
        {
              System.out.println("d="+d);
        }
}
```

对代码进行编译，系统给出如下错误提示。

```
The field Base.a is not visible.
```

代码分析:【例 7-2】为了简单起见，在父类中定义了被不同的访问控制修饰符修饰的 4 个属性，省略了类中方法的定义。子类中未定义自己特有的属性，只是定义了 4 个方法获取父类的 4 个属性。在编译时如果提示“在访问父类的私有属性”，则说明子类可以无条件地继承父类的所有非私有属性。

【例 7-2】中的父子类处于同一包中，那么当父子类处于不同包中情况会如何呢?

2. 父子类在不同包中定义

【例 7-3】展示了当父类 Base 和子类 Inh 隶属于不同的包时，父类中被不同访问控制修饰符修饰的属性有哪些可以被子类继承。

【例 7-3】在不同的包中属性继承的实例。在不同的包中子类可以继承父类中被 public 和 protected 修饰的属性，其他属性不能继承。

```
//第一部分代码 Base.java
package aa.j02.exa2;
public class Base
{
        private int a;
        protected double b;
        char c;
        public   String d ;
}
//第二部分代码 Inh2.java
Package bb.j02.exa22;
import aa.j02.exa2.Base;
class Inh2 extends Base
{
        public void outputA()
        {
                System.out.println("a="+a);
        }
        public void outputB()
        {
                System.out.println("b="+b);
        }
        public void outputC()
        {
                System.out.println("c="+c);
        }
        public void outputD()
        {
                System.out.println("d="+d);
        }
 }
```

代码调试：先编辑第一段代码，命名为 Base.java，编译通过；再编辑第二段代码，命名为 Inh2.java，错误提示如下。

```
The field Base.a is not visible.
The field Base.c is not visible.
```

【例 7-3】的父类和子类定义在不同的包中，从前面介绍的内容可知，如果类中的属性希望被不在同一包中的其他类访问，则它们所隶属的类必须是被 public 修饰符修饰的，所以 Base 类的访问控制修饰符是 public，该类仍然有被不同访问控制修饰符修饰的 4 个属性，子类中没有定义自己特有的属性，只是定义了 4 个方法来获取父类的 4 个属性。在编译时如果提示"在对父类私有属性和对默认属性进行访问的两个地方"，说明当父子类定义在不同的包中时，只有父类中被 public 和 protected 修饰的属性能被子类继承。那么此处也给出了默认修饰符和 protected 修饰符的不同，即被 protected 修饰符修饰的属性可以被其他包中的该类的子类所引用，而默认修饰符修饰的属性则不能。

子类中出现与父类中的属性同名的现象称为属性的隐藏。这里所谓的隐藏是指子类中出现了两个同名的属性变量，一个继承自父类，另一个由子类自己定义，当子类执行继承自父类的方法时，处理的是继承自父类的属性，当子类执行自己定义的方法时，处理的是子类自己重新定义的同名属性。

属性隐藏一般用于父子类中都具有此属性但在父子类中此属性的取值不相同的情况中。

【例 7-4】属性的隐藏。

```
class Father
{
    double b=1.1;
    static int a=1;
    static void printA()
    {
        System.out.println("father.a="+a);
    }
}
class Child extends Father
{
    //重新定义父类中的属性 a
    static int a=2;
    public static void outputA()
    {
        System.out.println("child.a="+a);
    }
    public void outputB()
    {
        System.out.println("child.b="+b);
    }
}
public class Test
{
    public static void main(String[] args)
    {
        Child c=new Child();
        c.outputA();
        c.printA();
        c.outputB();
    }
}
```

运行结果如下。

```
child.a=2
father.a=1
```

```
child.b=1.1
```

【例 7-4】定义的父子类是在同一包中的，原则上子类可以继承父类的所有非私有属性，但是在子类定义中出现了一个与父类中的属性同名的属性 a，这种现象称为属性的隐藏。此时在子类中实际有 3 个属性，即一个属性 b 和两个属性 a，两个属性 a 中的一个是从父类继承的，另一个是子类自己定义的。那么对同名属性而言，当子类执行继承自父类的方法 printA 时，处理的是继承自父类的属性，当子类执行自己定义的方法 outputA 时，处理的就是它自己定义的属性。

思考

请给出以下代码的运行结果。

```
class Base
{
    int i = 100;
    void output()
    {
        System.out.println(i);
    }
}
public class Pri extends Base
{
    static int i = 200;
    public static void main(String argv[])
    {
        Pri p = new Pri();
        System.out.println(i);
    }
}
```

7.1.3 方法的继承与覆盖

属性和方法作为类中同等重要的组成部分，在继承和派生关系中遵循着一样的继承原则。当父子类定义在同一个包中时，父类的所有非私有方法可以被子类继承。当父子类定义在不同包中时（父类被 public 修饰），父类中被 public 和 protected 修饰的方法可以被子类继承。

在继承中，子类中定义了与父类同方法头的方法的现象称为方法覆盖。方法覆盖中由于同名方法隶属于不同的类，因此，可以通过在方法名前使用不同的对象名或类名来加以区分调用的是父类中的方法还是子类中的方法。需要注意的是，子类在重新定义父类中的已有方法时，应保持和父类中方法相同的方法头，即有完全相同的方法名、返回值类型和参数列表。访问控制修饰符的访问控制范围至少应该和父类中该方法的访问控制修饰符相同才可以。方法的覆盖是和属性的隐藏相互对应的。

方法覆盖在功能方面和属性的隐藏极其类似，方法覆盖一定是在父子类之间出现的，它是面向对象中多态技术的一种实现方法。多态分为编译时多态和运行时多态：编译时多态即在编译时期就确定了对具体方法体的调用，这种多态通过第 5 章介绍的方法重载来实现；运行时多态是在运行时确定对具体方法的调用，这种多态就是通过方法覆盖来实现的。关于如何体现多态性，我们将在后续章节讲述。

【例 7-5】同一包中方法的继承。

```
//父子类在同一包中定义 Inh4.java

class Base
{
    private void out1()
    {
        System.out.println("this is private method");
    }
    void out2()
    {
        System.out.println("this is method");
    }
    protected void out3()
    {
        System.out.println("this is protected method");
    }
    public void out4()
    {
        System.out.println("this is public method");
    }
}
public class Example7_5 extends Base
{
    public static void main(String argv[]) {
        Example7_5 child=new Example7_5 ();
        child.out1();
        child.out2();
        child.out3();
        child.out4();
    }
}
```

【例 7-6】不同包中方法的继承。

```
//父子类在不同包中定义，父类代码定义 Base.java
package chap7.cc ;
public class Base
{
    private void out1()
    {
        System.out.println("this is private method");
    }
```

```
        void out2()
        {
            System.out.println("this is method");
        }
        protected void out3()
        {
            System.out.println("this is protected method");
        }
        public void out4()
        {
            System.out.println("this is public method");
        }
    }
    //子类代码定义 Example7_6.java
    package chap7.dd;
    import  chap7.cc.Base;
    public class Example7_6 extends Base
    {
        public static void main(String argv[])
        {
            Inh5 child=new Inh5();
            child.out1();
            child.out2();
            child.out3();
            child.out4();
        }
    }
```

可以仿照 7.1.2 节在属性继承中介绍的方法来分别调试【例 7-5】和【例 7-6】，总结关于方法继承的相关原则。

【例 7-7】方法覆盖。

```
    class Base
    {
        int a=1;
        protected void printA()
        {
            System.out.println("base.a="+a);
        }
    }
    // 类 Inh 继承自 Base
    class Inh extends Base
```

```
{
    //定义和父类中具有相同方法头的方法
    protected void printA()
    {
        System.out.println("lalala");
    }
}
//测试类
public class Test2
{
    public static void main(String argv[])
    {
        Inh child=new Inh();
        child.printA();
        Base   father=new Base();
        father.printA();
    }
}
```

代码调试：编译并运行【例 7-7】所示的代码，得到如下结果。

```
lalala
base.a=1
```

【例 7-7】中的父子类中出现了两个同名的方法 printA，这种现象称为方法覆盖。在测试类中通过子类对象调用 printA 方法实际执行的是子类中重新定义的 printA 方法，而通过父类对象调用 printA 方法实际执行的是父类自己的 printA 方法。下面对【例 7-7】子类 Inh 中的 printA 方法头进行修改，去掉 protected 修饰符，即由 protected 修饰改为由默认修饰符修饰，则子类 Inh 中的 printA 方法如下。

```
void printA()
{
 System.out.println("lalala");
}
```

再编译修改后的程序，出现如下错误提示。

```
Cannot reduce the visibility of the inherited method from Base
```

出现此错误的原因就是修改了子类 printA 方法的访问控制修饰符，这说明在方法覆盖中，子类同名方法的访问控制修饰符的访问控制范围不能小于父类同名方法的访问控制修饰符的访问控制范围。

举一反三：现有 Person 类，定义如下。

```
class Person
{
```

```
            String name;//姓名
            String addr; //家庭住址
            String e_mail; //email 地址
            public void show()
            {
                System.out.println("this is in class Person");
            }
}
```

要求根据此类定义一个子类 Employee，该类有工龄和工资两个特有属性。要求该类覆盖父类的 show 方法，显示类名和人名。该类还有方法 addSal 用来表示两种加薪方式：第一种加薪方式是，如果工龄小于 1 年，则增加当前工资的 10%；第二种加薪方式是，如果工龄大于 1 年，可以指定加薪的数目，但此数目不可大于该员工工资的 20%，如果指定的数目超过 20%，则只能加 20%。

7.1.4 Object 类及其常用方法

在 Java 语言中有这样一个类，它是所有类的祖先，也就是说任何类都是其子孙类，它就是 java.lang.Object，如果一个类没有显式地指明其父类，那么它的父类就是 Object。

作为一个超级祖先类，Object 类为子类提供了一些 public 修饰的方法，便于子类覆盖来实现子类自己特定的功能，下面我们要详细介绍其中的 equals 方法和 toString 方法。

1. public boolean equals(Object obj)方法

顾名思义，equals 方法可以用来比较两个对象是否“相等”，而对于什么是“相等”，各个类可以根据自己的情况与需要自行定义。例如，String 类要求两个对象所代表的字符串值相等，而对于一个圆类（Circle），则可能要求半径一样大才算是“相等”。尽管不同的类有不同的规则，但是有一条规则是公用的，即如果两个对象是“一样”（identical）的，那么它们必然是“相等”（equals）的。那么什么是“一样”？如果 a==b，我们就说 a 和 b 是“一样”的，即 a 和 b 指向（refer to）同一个对象。Object 类中的 equals 方法实施的就是这条比较原则，对任意非空的指引值 a 和 b，当且仅当 a 和 b 指向同一个对象时，才返回 true。

在 JDK 5.0 的帮助文档中，equals 方法必须具有以下性质。

（1）自反性：对任意一个非空的指引值 x，x.equals(x)永远返回 true。

（2）对称性：对任意非空的指引值 x 和 y，当且仅当 x.equals(y)返回 true 时，y.equals(x)返回 true。

（3）传递性：当 x.equals(y)返回 true 并且 y.equals(z)返回 true 时，x.equals(z)也返回 true。

（4）一致性：对任何非空的指引值 x 和 y，只要 x 和 y 所指向（refer to）的对象没有发生变化，那么 x.equals(y)的结果也不会变化。

对于任意非空的指引值 x，x.equals(null)应该返回 false。但对于 Object 的任何子类，均可以按照自己的需要对 equals 方法进行覆盖。

2. public String toString()方法

toString 方法从字面上就很容易理解，它的功能是得到一个能够代表该对象的字符串，Object 类中的 toString 方法能够得到这样一个字符串：类名+“@”+代表该对象的一个唯一的十六进制数。各个类可以根据自己的实际情况对其进行改写，通常的格式是类名[field1=value1, field2=value2…fieldn=valuen]。

【例 7-8】覆盖父类中的 equals 和 toString 方法应用实例。

```
public class Example7_8 {
 public static void main(String[] args) {
      MyCircle obj1 = new MyCircle(3);
      System.out.println(obj1.toString());
      MyCircle obj2 = new MyCircle(3);
      System.out.println(obj2.toString());
      if (obj1.equals(obj2))
           System.out.println("the two objects are equal");
      else
           System.out.println("the two objects are not equal");

 }
}

class MyCircle {
 private int radius;

 public MyCircle(int r) {
      radius = r;
 }

 public int getRadius() {
      return radius;
 }

 public void setRadius(int r) {
      radius = r;
 }

 // 覆盖父类中的 equals 方法
 public boolean equals(Object obj) {
      MyCircle o = (MyCircle) obj;
      if (o.getRadius() == this.radius)
           return true;
      else
           return false;
 }

 // 覆盖父类中的 toString 方法
 public String toString() {
      return "radius=" + radius;
```

```
    }
}
```

运行结果如下。

```
radius=3
radius=3
the two objects are equal
```

程序分析：从程序的运行结果来看，我们创建的两个 MyCircle 对象是相等的，因为这里规定当 MyCircle 对象的半径相等时，认为这两个对象是相等的，而在调用构造方法创建对象时设定这两个 MyCircle 对象的半径均为 3。由此可见，Object 中的 equals 方法和 toString 方法是为了在子类中实现方法覆盖来满足子类特定需要而定义的。

7.1.5 继承关系中的构造方法及 super 关键字

【例 7-9】继承关系中父子类中构造方法的调用关系和执行顺序。

```
class  A
{
    A()
    {
        System.out.println("this is A constructor");
    }
}
public class B extends A
{
    public static void main(String argv[])
    {
        B b=new B();
    }
}
```

编译运行此段代码，得到如下输出结果。

```
this is A constructor
```

代码分析：【例 7-9】得到的输出结果非常奇怪，这条语句是父类的构造方法中的输出语句，子类 B 本身没有构造方法，之所以在创建 B 类对象时得到此语句只有一种可能，就是子类 B 在创建对象时先执行父类的构造方法。下面对 B 类进行修改，为其添加一个无参的构造方法，如下。

```
B()
{
    System.out.println("this is B constructor");
}
```

然后再次编译运行此段代码，得到如下输出结果。

```
this is A constructor
this is B constructor
```

由此可见，当子类定义了自己的构造方法之后，在创建子类对象时仍然是先调用父类的构造方法，再调用子类自己的构造方法。

【例 7-10】继承关系中父类定义有参的构造方法。

```
class   A
{
    int a;
    A(int a)
    {
        this.a=a;
        System.out.println("this is A constructor");
    }
}
public class B extends A
{
    public static void main(String argv[])
    {
        B b=new B();
    }
}
```

编译此程序，错误提示如下。

```
Implicit super constructor A() is undefined for default constructor,Must define an explicit constructor
```

可见，当父类只提供有参的构造方法时系统会报错，应为子类添加一个无参的构造方法，如下。

```
B()
{
    System.out.println("this is B constructor");
}
```

再次编译，仍然出现与上面一样的错误提示，可见子类默认只会执行父类无参的构造方法，如果希望子类执行父类的有参构造方法，需要对子类进行如下修改。

```
public class B extends A
{
    B (int a )
    {
        super(a);//添加的代码
        System.out.println("this is B constructor");
```

```
        }

        public static void main(String argv[])
        {
            B b=new B(4);
        }
    }
```

编译并运行程序，得到如下输出结果。

```
this is A constructor
this is B constructor
```

其中，B 类的构造方法之所以带一个 int 型的形参，是因为子类从父类继承了一个 int 型的属性 a，在子类中需要为其赋值。这里出现了一个新的关键字 super，它是 Java 系统默认为每一个类提供的关键字，该关键字代表当前类的父类对象，这里使用 super 关键字表示调用父类中有一个参数的构造方法。

【例 7-11】展示了如何使用 super 关键字调用父类的构造方法，以及如何使用 super 关键字在子类中调用父类中被隐藏的属性和被覆盖的方法。

【例 7-11】 super 关键字使用。

```
class A {
    int a;

    A(int a) {
        this.a = a;
        System.out.println("this is A constructor");
    }

    void show() {
        System.out.println("this is show method in A");
    }

}

public class Example7_11 extends A {
    int a;

    Example7_11(int x, int y) {
        super(x); //调用父类的带参构造方法
        a = y;
        //通过 super 获取父类被隐藏的属性
        System.out.println("this is B constructor  父类中的a:" + super.a + "  子类中的a:" + a);
    }
```

```
        void show() {
            super.show(); //通过 super 调用父类被覆盖的方法
            System.out.println("this is show method in B");
        }

        public static void main(String argv[]) {
            Example7_11 b = new Example7_11(3, 9);
            b.show();
        }
    }
```

编译并运行程序，得到如下输出结果。

```
this is A constructor
this is B constructor 父类中的 a:3 子类中的 a:9
this is show method in A
this is show method in B
```

【例 7-11】出现了属性隐藏的问题，此时子类的构造方法除了需要为本类中定义的属性 a 赋值，还需要为从父类中继承的 a 赋值，所以子类的构造方法需要两个 int 型的参数。在构造方法的最后一条语句中利用了 super 关键字得到了父类中定义的属性 a，在子类中可以通过 super.方法名（实参）调用父类中被覆盖的方法。

继承关系中构造方法的使用遵循如下原则。

（1）子类无条件地调用父类的无参构造方法。

（2）对于父类的有参构造方法，子类可以通过在自己的构造方法中使用 super 关键字来调用，但这条调用语句必须是子类构造方法中的第一条可执行语句。

super 的用法有如下 3 种。

（1）在子类构造方法中可以通过 super（实参）调用父类的构造方法，此时要求该语句是子类构造方法的第一条可执行语句，这点和 this 调用本类其他构造方法时要求一致。

（2）可以在子类中通过 super.父类属性调用父类属性，如果此属性不涉及属性隐藏时，super.可以省略。

（3）可以在子类中通过 super.父类方法调用父类中定义的方法，如果被调方法不属于方法覆盖时，super.可以省略。

注意

this 和 super 不能在 static 修饰的方法内使用。

举一反三：有如下代码，选项中有 4 条语句，哪条语句放在//here 处程序编译不会出错呢？

```
class Base
{
    public Base(int i){}
}
public class MyOver extends Base
{
```

```
        public static void main(String args[])
        {
                MyOver m = new MyOver(10);
        }
        MyOver(int i)
        {
                super(i);
        }
                MyOver(String s, int i)
                {
                        this(i);
                        //here
                }
        }
}
```

1. MyOver m = new MyOver();
2. super();
3. this("Hello",10);
4. Base b = new Base(10);

7.2 包与访问控制修饰符

在设计一个程序的时候（尤其是多人合作），我们会写一些类来实现功能，但是往往会有重名的现象发生，为了解决这个问题，专门设计了包，可简单理解为：不同的城市之间存在相同名字的小区，用城市名则可以区分这些重名小区，城市名就可以理解为包，小区则可以看作重名的类，则通过城市名这个前缀，可解决重名问题。

在面向对象编程中，访问控制修饰符是一个很重要的概念，可以使用它来保护对类、变量、方法和构造方法的访问。

本节将介绍 Java 语言中包与访问控制修饰符的使用。

7.2.1 包

为了更好地组织类，Java 语言提供了包机制，用于区别类名的命名空间。包的作用主要有以下几点。

（1）把功能相似或相关的类或接口组织在同一个包中，方便类的查找和使用。

（2）如同文件夹一样，包也采用了树形目录的存储方式。同一个包中的类名字是不同的，不同的包中的类的名字可以相同，当同时调用两个不同包中相同类名的类时，应该加上包名加以区别。因此，包可以避免名字冲突。

（3）包也限定了访问权限，拥有包访问权限的类才能访问某个包中的类。

声明包的方法（将类放入包中）如下。

```
package 包名称;
```

例如：

```
package    ch04;
```

Java 语言要求包名与文件系统的目录结构一一对应。一个包实际上是包含类字节码的目录，如下。

```
package cn.edu.neusoft. graphics ;
class Circle     {
    …
}
```

若所使用的类不在当前的包中，则需要导入这个类所在的包，导入其他包中的 public 类的语法如下。

```
import    包名.类名;
```

例如：

```
import    java.util.Scanner;
```

注意

（1）只能引入其他包中的 public 类。
（2）也可以引入整个包，例如，import java.util.*;其中，“*”表示引入一个单独包下的所有类，而不是引入所有以 java.util 为前缀的所有包。
（3）package 必须写在程序的第一条。
（4）如果一个程序中使用两个包中的类同名，在使用类名前加上包名前缀。

7.2.2 访问控制修饰符

面向对象的基本思想之一是封装实现细节并且公开接口。Java 语言采用访问控制修饰符来控制类及类方法和变量的访问权限，从而只向使用者暴露接口，但隐藏实现细节，访问控制修饰符分 4 种级别。

（1）public：它定义的类、方法和属性，所有程序都可以访问。

（2）protected：它定义的方法或属性在同一个包中的类可访问，或者在不同包中某类的子类可访问。

（3）默认修饰符：当类、方法和属性前没有修饰符时，该类、方法和属性可以被同一个包中的任何类访问。

（4）private：它定义的方法或属性，只能由定义该方法的类访问，而其他类不能访问。

类与属性、方法的访问修饰符见表 7-1。

表 7-1　　类与属性、方法的访问修饰符

访问修饰符 / 类型	public	默认	protected	private
类	√	√		
属性	√	√	√	√
方法	√	√	√	√

表 7-2 总结了这 4 种访问级别所决定的可访问范围。

表 7-2　被不同修饰符修饰的属性和方法与被访问的关系

		同一包中的类	不同包中的类	类内
所隶属的类被 public 修饰符修饰	private 属性和方法			允许
	protected 属性和方法	允许		允许
	默认的属性和方法	允许		允许
	public 属性和方法	允许	允许	允许
所隶属的类被默认修饰符修饰	private 属性和方法			允许
	protected 属性和方法	允许		允许
	默认的属性和方法	允许		允许
	public 属性和方法	允许		允许

说明　**（1）访问控制修饰符不能修饰方法中的局部变量，可以修饰属性。在方法内部使用访问控制修饰符会引起编译错误。**

（2）方法一般为 public 类型，属性一般为 private 类型。

（3）大多数情况下，构造方法应该是 public 类型。但是，如果想防止用户创建类的实例，也可以使用私有的构造方法。

【例 7-12】如图 7-1 所示，ClassA 和 ClassB 位于同一个包中；ClassC 和 ClassD 位于另一个包中，并且 ClassC 是 ClassA 的子类。ClassA 是 public 类型，在 ClassA 中定义了 4 个成员变量——var1、var2、var3 和 var4，它们分别处于 4 种访问级别。

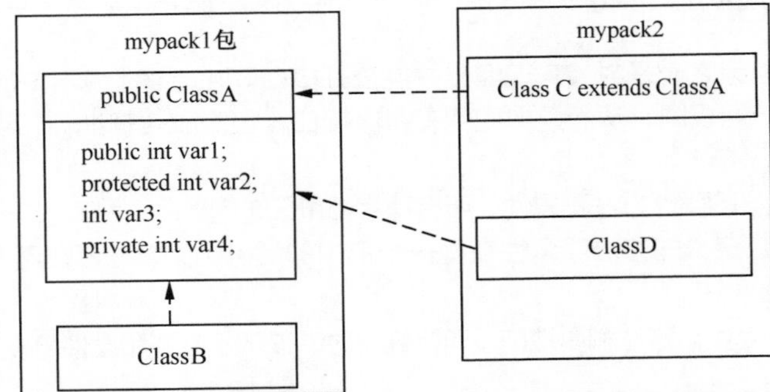

图 7-1　ClassB、ClassC 和 ClassD 访问 ClassA 及 ClassA 的成员变量

在 ClassA 中，可以访问自身的 var1、var2、var3 和 var4 变量。

```
package chap7. mypack1;
public class ClassA {
  public int var1;
  protected int var2;
  int var3;
```

```
  private int var4;
  public void method(){
      var1=1;//合法
      var2=1;//合法
      var3=1;//合法
      var4=1;//合法
      ClassA a=new ClassA();
      a.var1=1;//合法
      a.var2=1;//合法
      a.var3=1;//合法
      a.var4=1;//合法
  }
}
```

在 ClassB 中，可以访问 ClassA 的 var1、var2 和 var3 变量。

```
package chap7. mypack1;
public class ClassB {
      public void method(){
            ClassA a=new ClassA();
            a.var1=1;//合法
            a.var2=1;//合法
            a.var3=1;//合法
            a.var4=1;//编译错误，var4 为 private 类型，不能被访问
      }

}
```

在 ClassC 中，可以访问 ClassA 的 var1 和 var2 变量。

```
package chap7. mypack2;
import mypack1.ClassA;
public class ClassC extends ClassA{
      public void method(){
            var1=1;//合法，继承了 ClassA 的 var1 变量
            var2=1;//合法，继承了 ClassA 的 var2 变量
            ClassA a=new ClassA();
            a.var1=1;//合法
            a.var2=1;//编译错误，不同的包中不能访问
            a.var3=1;//编译错误，var3 为默认级别，不能被访问
            a.var4=1;//编译错误，var4 为 private 类型，不能被访问
      }

}
```

在 ClassD 中，可以访问 ClassA 的 var1 变量。

```
package chap7. mypack2;
import mypack1.ClassA;
public class ClassD {
    public void method(){
        ClassA a=new ClassA();
        a.var1=1;//合法
        a.var2=1;//编译错误，var2 为 protected 类型，不能被访问
        a.var3=1;//编译错误，var3 为默认级别，不能被访问
        a.var4=1;//编译错误，var4 为 private 类型，不能被访问
    }
}
```

ClassB 是默认级别的，位于 mypack1 中，只能被同一个包中的 ClassA 访问，不能被 mypack2 中的 ClassC 和 ClassD 访问。

7.2.3 访问器方法

对象不能直接访问私有域，但是用户常常需要检索和修改数据域。为了能够访问数据域，可以为私有数据域添加设置方法（setter）和获取方法（getter），这些方法称为访问器方法。

设置方法如下。

```
void    set 属性名(属性类型的参数)
```

例如，属性 radius 的 set 方法可写为：

```
void setRadius(double radius)
```

获取方法如下。

```
属性类型 get 属性名()
```

例如，获取属性 radius 的方法可写为：

```
double getRadius()
```

【例 7-13】定义一个圆类 Circle，圆有一个私有属性半径 radius，为半径设置访问器方法，要求圆的半径要大于 0，当设置的圆半径小于 0 时打印一条语句提示用户设置错误信息。还有一个 findArea 方法用于计算圆的面积。定义一个测试类创建一个圆的对象，设置圆的半径为 5，打印输出圆的面积。如果设置圆的半径为-5，效果如何?

Cirlce 类定义如下。

```
public class Circle {
  private double radius;

  public double getRadius() {
```

```
        return radius;
    }
    public void setRadius(double radius) {
        if(radius>0){
                this.radius = radius;
        }else{
                System.out.println("输入错误，半径不能小于 0");
        }
    }
    public double findArea(){
        return 3.14*radius*radius;
    }
}
```

测试类定义如下。

```
public class TestCircle {
    public static void main(String[] args) {
        Circle c=new Circle();
        c.setRadius(5);
        System.out.println("area="+c.findArea());
        c.setRadius(-5);
    }
}
```

运行结果如下。

```
area=78.5
输入错误，半径不能小于 0
```

7.3 final 修饰符

final 修饰符又称终极修饰符，被 final 修饰符修饰的数据分为两种情况。

（1）如果被 final 修饰的数据是基本的数据类型，可以将该数据认定为常量，即其值不可更改。

（2）如果被 final 修饰的数据是其他类的对象，可以认为是该数据和其所指向的对象之间的绑定关系不可更改，而此数据所指向的对象的属性可以被更改。

因为被 final 修饰的属性要么取值不可更改，要么绑定关系不可更改，所以常常为了节省内存空间将被 final 修饰的属性再同时被 static 修饰，习惯上两个修饰符出现的顺序是 static final。

注意

final 是唯一一个既可以修饰属性又可以修饰局部变量的修饰符。

【例 7-14】final 修饰属性。

```
class A
{
    private int i;
    A(int a){i=a;}
    void setI(int i)
    {
        this.i=i;
    }
}
public class BlankFinal
{
    //被 final 修饰符修饰的属性
    private final int j;
    private final A a;
    private int x=9;
    public BlankFinal()     //构造方法
    {
        j=1;
        a=new A(1);
    }
    public static void main(String argv[])
    {
        //final 修饰局部变量
        final int con=110;
        con =119;
        BlankFinal b=new BlankFinal();
        b.j=5;
        b.a=new A(3);
        b.a.setI(5);
         b.x=100;
    }
}
```

代码调试：编辑此段代码并将其命名为 BlankFinal.java，然后进行编译，得到如下错误提示。

```
The final field BlankFinal.j can't be assigned.
The final field BlankFinal.a can't be assigned.
The final local variable can't be assigned.
```

说明

被 final 修饰符修饰的属性和局部变量都不能被重新赋值。

代码分析：在【例 7-14】的代码中出现了一个新的修饰属性的修饰符 final，被 final 修饰符修饰的两个属性中一个是普通的 int 类型 j，另一个是其他类的对象 a，这里的 a 可以理解为是 A 类的对象的一个引用，main 方法中还有一个局部变量 con 也被 final 修饰。在编译时发现 j 和 con 的值不允许改变，这说明被 final 修饰的这两个数据是两个常量，而属性 a 不允许再指向其他的 A 类对象，但是对象 a 本身的属性是可以更改的，这说明这里的 final 指定了 a 及其所指向对象间的绑定关系。如果去掉 BlankFinal 类中的构造方法后再编译此程序，将得到同样的错误提示，因为系统默认的构造方法默认为属性赋值，所以在 main 方法中仍会报同样的错误。

【例 7-15】 final 修饰的方法不能被覆盖。

```
class withFinal
{
    final void f()
    {
        System.out.println("this is in withFinal.f()");
    }
    void g()
    {
        System.out.println("this is in withFinal.g()");
    }
}
public class FinalOveride extends withFinal
{
    final void f()
    {
        System.out.println("this is in FinalOveride.f()");
    }
    void g()
    {
        System.out.println("this is in FinalOveride.g()");
    }
    public static void main(String argv[])
    {
        FinalOveride fo=new FinalOveride();
        fo.f();
        fo.g();
    }
}
```

代码调试：编辑并编译此段代码，得到如下错误提示，并定位到子类的 f 方法处。

```
Can't override the method from withFinal
```

说明被 final 修饰符修饰的方法在子类中不能被覆盖。

注意

final 修饰的方法可以被重载。

【例 7-16】final 修饰的类不能被继承。

```
final class FinalClass
{
	void f()
	{
		System.out.println("this is in FinalClass.f()");
	}
}
class Child extends FinalClass
{
}
```

编辑并编译此段代码，得到如下错误提示。

```
The type Child cannot subclass the final class FinalClass
```

由此可见，被 final 修饰的类不能被继承。如果一个类被 final 修饰符修饰，说明这个类不可能有子类，final 类中的方法也一定是 final 方法。如果一个类有固定功能，用来完成固定的操作，不希望使用者更改这些固定操作与类名间的这种稳定的对应关系，那么，常常把这个类声明为被 final 修饰。

举一反三：下面的代码有什么错误?

```
class Test
{
	final  int a;
	public static void main(String argv[])
	{
		Test o=new Test();
		o.a++;
		System.out.println(o.a);
	}
	public Test()
	{
		a=99;
	}
}
```

7.4 抽象类和抽象方法

当一个类被关键字 abstract 修饰时，称这个类是抽象类，所谓抽象类就是没有具体实例对象的类，定义抽象类是出于组织层次性需要的考虑，不能创建抽象类的对象。

当一个方法被 abstract 修饰符修饰时，称这个方法是抽象方法。抽象方法没有具体的方法体，需要在子类中重新被定义。需要注意的是，抽象方法必须定义在抽象类中，而抽象类中可以定义非抽象方法。

【例 7-17】定义抽象类及抽象方法。

```
//定义抽象类
abstract  class Fig
{
    int x,y;
    //定义抽象方法
    abstract double area();
    Fig(int a,int b)
    {
        x=a;y=b;
    }
}
class Rect extends Fig
{
    //调用父类构造方法
    Rect (int a,int b)
    {
        super(a,b);
    }
    //计算矩形面积
    double area()
    {
        return x*y;
    }
}
class Tria extends Fig
{
    //调用父类构造方法
    Tria(int a,int b)
    {
        super(a,b);
    }
    //计算三角形面积
    double area()
    {
        return  0.5*x*y;
    }
}
public class UseFig
{
    //定义静态方法，以父类对象作形参
    public static void useArea(Fig f)
```

```
        {
            System.out.println("f.area()="+f.area());
        }
        public static void main(String argv[])
        {
            Rect r=new Rect(8,6);
            Tria t=new Tria(8,6);
            //声明 Fig 类对象，不能创建 Fig 类对象
            Fig f;
            //将 Fig 类引用指向 Rect 类对象
            f=r;
            useArea(f);
            //将 Fig 类引用指向 Tria 类对象
            f=t;
            useArea(f);
        }
    }
```

编辑并编译代码，运行后得到如下输出结果。

```
f.area()=48
f.area()=24.0
```

【例 7-17】定义的 Fig 是抽象类，在面向对象的概念中，所有的对象都是通过类来描绘的，但是反过来则不是这样的，并不是所有的类都是用来描绘具体对象的，如果一个类中没有包含足够的信息来描绘一个具体的对象，那么这样的类就是抽象类。抽象类往往用来表征在对问题领域进行分析、设计时得出的抽象概念，是对一系列看上去不同，但是本质上相同的具体概念的抽象。如本例涉及的图形有圆形和三角形具体的概念，它们彼此不同但又都属于形状这样一个概念，而形状这个概念在问题领域是不存在的，是一个抽象的概念。在 Java 语法中通过在类定义的头部加一个 abstract 关键字来表征定义的类是抽象类。

在抽象类 Fig 的类体定义中，可以像一般的类一样定义属性、方法以及构造方法等，但是注意这个类体中有一个方法的方法头中也有 abstract 关键字修饰，这个方法被称作抽象方法。抽象方法的特点就是只有方法头没有方法体，用分号来代替方法的方法体部分。本例中的抽象方法的功能是计算形状的面积，对于不同的形状，面积的计算方法是截然不同的，所以在这个父抽象类中把面积定义成抽象方法，而对于具体的子类，如矩形或三角形，要根据每个形状的具体特点分别定义不同的面积计算方法。由此可见，抽象方法是其子类都要使用的共同的操作，即将子类中目的一样但具体功能实现不同的方法在父类中定义成抽象方法，父类中的抽象方法是子类中该方法的一个规范描述，既能对外界提供一个一致的接口又能隐藏具体的实现细节。

在测试类的 main 方法中声明了一个抽象类 Fig 的对象，但是不能创建 Fig 类的对象，这也是抽象类的一个特点。测试类中定义了一个静态方法 useArea(Fig f)，它的形参由抽象类引用充当，在具体调用方法时根据 f 指向的子类对象的不同，利用父子类对象间的转换关系决定调用哪个子类对象的面积计算方法。由于父类中抽象方法的存在，用户在调用时可以不必明确知晓到底是哪个子类对象在运作，这就是我们前面讲过的运行时多态的一个应用实例。

7.5 多态

多态是面向对象的三大特征之一，现实中事物经常会体现出多种形态，如一个具体的同学张三既是学生，又是人，即出现两种形态。Java 语言作为面向对象的语言，同样可以描述一个事物的多种形态，如 Student 类继承了 Person 类，一个 Student 的对象既是 Student，又是 Person。

多态的实现实质上是由向上转型（Upcasing）和动态绑定（Dynamic Binding）机制结合完成的，只有理解了这两个机制，才能明白多态的意义。在探讨多态实现原理之前，先介绍向上转型与动态绑定，然后从程序设计角度分析何时需要多态。

7.5.1 向上转型的概念及方法调用

向上转型是指将一个父类的引用指向一个子类对象，即子类对象可以向上转型为父类对象，向上转型是安全的，这是因为任何子类都继承并接受了父类的方法，子类与父类是 is-a 的继承关系。这个道理很好理解，比如所有的苹果都属于苹果的父类——水果，属于向上转型，这是成立的，但是向下转型则不行，比如说所有的水果都是苹果就不成立了。向上转型时自动进行类型转换。

例如，Fruit 类派生出子类 Apple，然后创建一个 Fruit 类对象 fruit 和一个 Apple 类对象 apple，代码如下。

```
Fruit fruit=new Fruit();
Apple apple=new Apple();
```

apple 可以向上转型为 Fruit 类型，向上转型代码如下。

```
fruit=apple;
```

由于 Apple 可以看作 Fruit 的一种，因此这种转型是成立的，但是反之则不然，以下语句不可执行。

```
Apple apple=new Fruit(); //NO!NO
```

父类对象也可以向下转换为子类类型，但要注意的是，向下转型的前提条件是，首先父类引用指向一个子类实例对象。

```
Fruit fruit=new Apple();
Apple apple=(Apple)fruit; //合法，必须进行强制类型转换
```

但是如果是下面这种情况，父类对象指向自身，则在转型时会报错。

```
Fruit father = new Fruit();
Apple s = (Apple)father; //直接抛出 ClassCastException
```

【例 7-18】向上转型及方法调用。

```
class Fruit{
 public void show() {
       System.out.println("Fruit");
 }
```

```
}
class Apple extends Fruit{
  public void show() {
        System.out.println("Apple");
  }
  public void aa() {
        System.out.println("aa");
  }
}
public class Example7_18 {

  public static void main(String[] args) {
        Fruit fruit=new Fruit();//正确
        Apple apple=new Apple();//正确
        Fruit myFruit=new Apple();//正确，向上转型自动转换
        //Apple myApple=new Fruit();//错误，向下转型，不能自动转换
        Apple myApple2=(Apple)myFruit;//正确，父类类型实例化成子类对象后可以强制
                                      //转换成子类
        //Apple myApple3=(Apple)fruit;//语法正确，运行时会抛出 ClassCastException 异常
        apple.aa();//正确，子类对象未转为父类对象可以调用子类的方法
        fruit=apple;//正确，向上转型自动转换
        //myFruit.aa();//错误，向上转型后只能调用父类的方法
        //fruit.aa();//错误，向上转型后只能调用父类的方法
        fruit.show();//正确，可以调用父类的方法，且输出的结果为子类中的 show 方法内容
  }

}
```

运行结果如下。

```
aa
Apple
```

向上转型后，父类引用只能调用与子类共有的实例方法与实例变量，子类独有的实例变量与实例方法将不能调用。父子类对象的转换遵循如下原则。

（1）子类对象可以被视为父类的一个对象。

（2）父类对象不能被当作子类的一个对象。

（3）如果父类引用实际指向的是子类的对象，那么该父类引用可以经过强制类型转换成子类对象使用。

通过将子类对象赋值给父类对象来实现动态方法调用，在运行时，将根据父类对象实际指向的实际类型来获取对应的方法，所以才有多态性，即一个父类的对象引用被赋予不同的子类对象引用，执行该方法时根据其指向的不同的子类对象将表现出不同的行为。多态性在实现时通常将被覆盖的方法定义成抽象方法或将其定义在接口中。

例如:

```
Fruit fruit=new Apple();
```

假设 Apple 中定义了一个 show()方法，向上转型后，如果执行以下调用，则无效。

```
apple.show();//No!No
```

考虑一种特殊情况，假设父类中也有一个相同名称的方法 show()，这时再次用 fruit 调用 show()，结果将如何?

这时 fruit 不但可以调用 show()，而且调用的是子类中的 show()，如以下代码所示。

```
apple.show();//调用 Apple 类中的 show();
```

这意味着当父类和子类含有同名的方法时，子类对象向上转型生成的父类对象能自动调用子类的方法，这是由于 Java 语言提供的动态绑定机制能识别出对象转型前的类型，从而自动调用该类的方法。动态绑定是实现多态的第二个机制，接下来介绍什么是动态绑定。

7.5.2 静态绑定和动态绑定

什么是绑定? 将一个方法的调用与方法所在的类关联在一起就是绑定，绑定分为静态绑定和动态绑定两种。

（1）静态绑定：在编译时，编译器能准确判断应该调用哪个方法，绑定在运行前完成，因此，也称为前期绑定。

（2）动态绑定：程序在运行期间由 JVM 根据对象的类型自动判断应该调用哪个方法，也称为后期绑定。

【例 7-19】以愤怒的小鸟为例，依次解释静态绑定和动态绑定。创建一个抽象类 AngryBird，类中声明两个抽象方法 chirp()和 shoot()，AngryBird 类派生出 BlueBird、WhiteBird、RedBird 3 个子类。

```
abstract class AngryBird{
    abstract void chirp();
    abstract void shoot();
}
//子类 BlueBird、WhiteBird 和 RedBird 分别实现抽象方法 chirp()和 shoot()
//类 BlueBird
class BlueBird extends AngryBird{

    @Override
    void chirp() {
       System.out.println("Blue bird chirp...");

    }

    @Override
    void shoot() {
       System.out.println("spawn 3 children bird ...");
```

```
    }

}
//类 WhiteBird
class WhiteBird extends AngryBird{

    @Override
    void chirp() {
        System.out.println("White bird chirp...");
    }

    @Override
    void shoot() {
        System.out.println("bomb bomb ...");

    }

}
//类 RedBird
class RedBird extends AngryBird{

    @Override
    void chirp() {
        System.out.println("Red bird chirp...");

    }

    @Override
    void shoot() {
        System.out.println("shoot shoot ...");

    }

}
//测试类中定义每个子类对象，以静态绑定方式调用方法 chirp()和 shoot()
public class Example7_19_1 {

    public static void main(String[] args) {
        BlueBird one=new BlueBird();//通过对象调用方法，属于静态绑定
        one.chirp();
        one.shoot();
        WhiteBird two=new WhiteBird();//通过对象调用方法，属于静态绑定
```

```
            two.chirp();
            two.shoot();
            RedBird three=new RedBird();//通过对象调用方法，属于静态绑定
            three.chirp();
            three.shoot();

        }

    }
```

代码中定义了 BlueBird 对象 one、WhiteBird 对象 two 和 RedBird 对象 three，3 个对象分别调用各自类中的成员方法。这种调用方式是在代码中指定的，在编译代码时编译器就知道 one 调用的是 BlueBird 的 shoot()，two 调用的是 WhiteBird 的 shoot()，到目前为止，程序中采用的这种通过对象调用方法的方式皆属于静态绑定。

接下来模拟动态绑定的过程，在 main()中稍作改动，改动部分如下。

```
public class Example7_19_2 {

    public static void main(String[] args) {
                AngryBird[] s=new AngryBird[3];//生成父类对象数组
                int n;
                for(int i=0;i<s.length;i++) {
                    n=(int)(Math.random()*3);//随机产生 0~2 中的一个数
                    switch(n) {
                    case 0:s[i]=new BlueBird();break;
                    case 1:s[i]=new WhiteBird();break;
                    case 2:s[i]=new RedBird();break;
                    }
                }
                for(int i=0;i<s.length;i++) {
                    s[i].shoot();
                }

    }

}
```

在 main()的循环中，每次随机产生 0~2 中的任意一个数，赋值给循环变量 n，根据 n 值可生成一种子类对象，该对象向上转型为父类 AngryBird 类型。由于 n 值只有在运行时才能随机产生，当向上转型后的对象调用 shoot()方法时，通过 s[i].shoot()语句并不能看出具体调用的是哪个类的 shoot()，编译时也无法知道 s 数组元素的具体类型。直到运行时才能根据产生的随机数 n 值确定 s[i]代表的子类对象，最终决定 s[i].shoot()调用的是哪一个子类的 shoot()方法，这种在运行时才能把方法调用与方法所属类关联在一起的方式就是动态绑定。

动态绑定有什么优点呢？试想一下，在继承关系中，如果父类和每个子类中都能够定义一个名称相同但实现功能不同的成员方法，当通过父类对象调用此方法时，JVM 能够自行判断，自动调用子类的成员方法而不必事先在程序中指定，将会非常便捷。

什么是方法的动态绑定呢？例如：

```
Object o=new GeoetricObject();
o.toString();
```

在此代码中，o.toString()到底调用哪个 toString()方法是由 o 的实际类型所决定的，这称为动态绑定。方法体的调用是在程序执行时动态决定的，这是实现多态的保证。动态绑定的工作机制如下。

假设对象 o 是类 c1,c2,…,c(n−1),cn 的实例，其中，c1 是 c2 的子类……c(n−1)是 cn 的子类，也就是说，cn 是最通用的类，c1 是最特殊的类，如果对象 o 调用一个方法 p，那么 Java 虚拟机依次在 c1,c2,…,c(n−1),cn 中查找方法 p 的实现，直到找到为止，一旦找到一个实现，就停止查找，然后调用这个第一次找到的实现。

【例 7-20】方法的动态绑定机制。

```
public class Example7_20 {
    public static void main(String[] args) {
        m(new GraduateStudent());
        m(new Student());
        m(new Person());
        m(new Object());
    }

    public static void m(Object x) {
        System.out.println(x.toString());
    }
}

class GraduateStudent extends Student {
}

class Student extends Person {
    public String toString() {
        return "Student";
    }
}

class Person extends Object {
    public String toString() {
        return "Person";
    }
}
```

根据方法的动态绑定工作原理得出程序的运行结果，如下。

```
Student
Student
Person
java.lang.Object@2a139a55
```

7.5.3 多态的实现

多态按字面理解就是“多种状态”，面向对象的多态指的是在继承的关系下，对于相同的消息，不同类采用不同的实现方式，即不同类的对象调用同名的方法产生不同的行为。

多态原理是基于前面讲述的向上转型和动态绑定实现的。前提条件是在继承关系下，每个子类都定义了重写方法，首先利用向上转型机制，可以将子类的对象转换为父类的对象，转型后的父类对象通过动态绑定机制自动调用转型前所属子类同名的方法，实现多态。

多态分为编译时多态和运行时多态。编译时多态是通过方法重载实现的，运行时多态是通过方法覆盖来实现的。Java 中实现运行时多态的基础是动态方法调用，它是一种在运行时而不是在编译时调用覆盖方法的机制。动态方法调用是通过将子类对象赋值给父类对象来实现的。

【例 7-21】 利用多态方式实现愤怒的小鸟程序，BlueBird、WhiteBird、RedBird 3 个类的定义与前面相同，main()进行了如下改动。

```
public class Example7_21 {
 public static void main(String[] args) {
            AngryBird[] s=new AngryBird[3];//生成父类对象数组
            s[0]=new BlueBird();
            s[1]=new WhiteBird();
            s[2]=new RedBird();
            for(int i=0;i<s.length;i++) {
                s[i].chirp();
                s[i].shoot();
            }
 }
}
```

程序定义了 3 个子类对象，第一步，利用向上转型机制将 3 个对象转换为父类类型并存放在数组 s 中。第二步，由转型后的父类对象 s[i]调用同名的方法，程序运行时通过动态绑定机制，s[i]会自动调用转型前 3 个子类中的 chirp()和 shoot()方法。

运行结果如下。

```
Blue bird chirp...
spawn 3 children bird ...
White bird chirp...
bomb bomb ...
Red bird chirp...
shoot shoot ...
```

在多态程序中，不要求父类一定为抽象类，当父类定义为普通类时，同名的方法必须在父类中实现，可以采用空实现的方式，即什么也没有做，用空的大括号表示。AngryBird 类可重新定义，如下。

```
class AngryBird{
 void chirp() {}
 void shoot() {}
}
```

【例 7-22】动态方法调用实例。

```
class Instrument
{
          public void play(){}

}
class Violin extends Instrument
{
     public void play()
     {
       System.out.println("violin is played");
     }
}
class Piano extends Instrument
 {
          public void play()
          {
            System.out.println("piano is played");
          }
}
     public class Example7_22
     {
          public static void main(String []args)
           {
                Instrument obj1=new Violin();
                obj1.play();
                Instrument obj2=new Piano();
                obj2.play();
           }
     }
```

编译此段代码，输出“violin is played”和“piano is played”。这段代码由一个父类、两个子类和一个测试类构成，父类中有一个方法体为空的成员方法 play，而在两个子类中这个方法均被覆盖。main 方法中声明了两个父类引用分别指向两个子类对象，根据代码调试的结果可以看到此种形式在语法上是可以被接受的。从运行结果可知，这里实际调用的是每个子类自己重新定义的 play 方法，是通过将子类对象赋值给父类对象来实现动态方法调用的。可见 Java 语言的这种动态方法调用机制遵循一个原则：当父类引用指向子类对象时，指向类型而不是声明类型决定了调用哪个成员方法，但是这个被调用的方法必须是在父类中定义过的，即被子类覆盖的方法。这个实例告诉我们子类对象可以无条件地赋值给父类引用，因为子类是从父类继承过来的，子类只是一个具体的父类；反之，在需要子类对象的地方是否可以用一个父类对象来替代呢？

多态实现原理：在继承关系下，利用向上转型，子类对象转换为父类对象，与动态绑定相结合，通过父类对象调用具有相同名称的子类方法，JVM 能够自动分辨出对象调用的方法所属的子类，从而调用相应子类的方法。Java 与 C++的多态原理相同，不同的是在实现时语法更简单，C++把同名称的函数，如此例中的 chirp()、shoot()，称为虚（virtual）函数，Java 省略了 virtual 关键字，实际上已经自动实现了虚函数的功能。

7.5.4 多态的应用

到目前为止，采用多态编写的代码除了看起来相对简洁以外，并没有太多优势，似乎不用多态也能达到同样的目的，直接采用静态绑定，使用子类对象调用子类方法是否更便捷？多态到底能为程序设计带来什么好处，以及何时需要多态呢？

为了更清楚地分析程序结构，下面以另一种形式改写愤怒的小鸟的主程序。

```
public static void show(AngryBird i)
 {
          i.chirp();
          i.shoot();
 }
 public static void main(String[] args) {

          AngryBird[] s=new AngryBird[3];//生成父类对象数组
          s[0]=new BlueBird();
          s[1]=new WhiteBird();
          s[2]=new RedBird();
          for(int i=0;i<s.length;i++) {
              show(s[i]);
          }
 }
```

以上代码定义了一个 public static 的方法 show(AngryBird i)，该方法以父类对象 AngryBird 为参数，由 i 调用 chirp()和 shoot()两个方法，实际上调用的是子类的方法，这种方法是否似曾相识？在这里，show(AngryBird i)方法的功能相当于一个接口，它屏蔽了子类中方法实现的差异，仅允许父类对象调用同名的方法，在 main()方法中，将转型为父类类型的 3 个子类对象以参数形式传递给方法 show()，即可调用对应该类提供的方法，而无须知道方法的具体实现，这种代码形式有助于我们分析多态的应用功能。

下面分析一种情形，假设添加新品种的小鸟程序，如 BlackBird、OrangeBird 等，对于类的创建者而言，则可在继承关系下继续增添新类，重写 chirp()和 shoot()方法。而对于类的使用者而言，只需要在 main()中定义新类型对象，完成向上转型即可。因此，多态的优势就体现出来了，这种设计方式可以达到分离方法实现与方法调用的目的，即将功能实现与程序系统隔离，这与接口的功效有异曲同工之处。一方面创建者负责添加新类，重写方法的具体实现；另一方面，使用者（系统）只需要创建新类对象并向上转型，由接口 show()通过父类对象动态绑定后调用新类提供的方法，至于新类的 chirp()和 shoot()功能具体是如何实现的，这些细节完全被屏蔽了，使用者无须知道。

再分析另一种情形，假设准备为所有的类添加某些新功能，比如新版愤怒的小鸟中可以朝反方向发射的功能等，创建者在每个类中添加另一个同名称的方法 reverseShoot()，实现反方向的发射功能。而使用者只需记住这个新方法名，在 show()方法里添加一条语句调用 i. reverseShoot()即可，这也同样实现了方法实现与方法调用的分离，如果没有多态，由于每个子类的方法命名不同，使用者需要牢记许多不同的方法名字。

由此可见，在类的层次比较多、继承关系比较复杂的情况下，多态对程序的扩展性有很大的帮助。多态实际上是接口的一种特例，两者都需要重写方法，使方法实现与方法调用分离。与普通接口的区别在于，多态必须在继承关系下实现，而接口实现的具体类可以是无关联的；另外，多态的优势在于动态绑定机制，而接口的实现属于静态绑定。多态使封装和继承发挥得淋漓尽致，优化了代码结构，尤其是在大项目开发中，遵循接口模型规范，系统由父类对象通过接口自动调用不同的功能，从而隔离了功能的具体实现，大大简化了程序，方便项目管理。多态机制总结如下。

（1）多态实现的前提是必须在继承关系下重写方法。

（2）多态实现遵循两个要点：其一，把此类对象向上转型为父类类型；其二，采用父类对象调用同名的方法，系统可以通过动态绑定自动识别调用方法所属的类。

（3）多态是一种继承关系下基于动态绑定机制的接口特例。

【例 7-23】子类引用指向父类对象（多态的应用实例）。

```
class Shape
{}
public class Circle extends Shape
{
    static void draw(Circle c)
    {
        System.out.println(c+".draw()");
    }
    public static void main(String[] argv)
    {
        Shape s=new Shape();
        Circle.draw(s);
    }
}
```

代码调试：编辑代码，然后编译，如果编译出错，将会给出如下错误提示。

```
The method draw(Circle ) in the type Circle is not applicable for the arguments(shape)
```

代码分析：【例 7-23】定义了父、子两个类，为了简化描述，父类中没有定义属性和方法。子类是测试类，定义了一个静态方法 draw()，这个方法有一个由子类对象充当的形式参数。在 main()方法中创建了一个父类对象 s，在调用子类的 draw()方法时传递的实际参数是父类对象 s，而这条语句编译出错，说明在需要子类对象的地方使用父类对象会出错，因为子类是父类的具体或详细情况，包含比父类更丰富的信息。下面对 main()方法进行修改，代码如下。

```
public static void main(String[] argv)
{
      Circle c=new Circle();
      Shape s=c;
      if(s instanceof Circle)
      {
            Circle temp=(Circle)s;
             Circle.draw(temp);
      }
}
```

再次进行编译，不再出现错误提示。修改后的 main()方法：第一条语句创建了一个子类的对象 c；第二条语句定义了一个父类的引用，指向一个子类对象；第三条语句中出现了一个新的运算符 instanceof，这个运算符的前面应是一个对象，后面应是一个类名，它的作用就是判断前面的对象是不是后面类的一个实例。当结果为真时，将父类引用 s 强制转换成子类引用，再将该子类引用 temp 作为实参传给 draw()方法，这时编译即可通过。这说明当父类引用实际指向子类对象时，该父类引用可以经过强制类型转换成子类对象，从而当作子类对象来使用。

举一反三：代码如下。

```
//定义父类
class SuperClass
{
      int x;
      void print()
      {
            System.out.println("这是父类的方法!");
      }
}
// 定义子类
class SubClass1 extends SuperClass
{
      int x=1;
      void print()
      {
            System.out.println("这是子类 1 覆盖父类的方法!");
      }
      void method1()
      {
            System.out.println("这是子类 1 特有的方法!");
      }
}
```

```
public class ExtendsProject
{      int x;
       public static void main(String args[])
       {
              SuperClass sc,scRef=null;
              SubClass1 sb,sbRef=null;
              sc=new SuperClass();
              sb=new SubClass1();
              scRef=sc;
              System.out.println(scRef.x);
              scRef.print();
              scRef=sb;
              System.out.println(scRef.x);
              scRef.print();
              sbRef=(SubClass1)scRef;
              sbRef.method1();
       }
}
```

请编译调试该程序，并给 main()方法中的每一条语句加上注释。

关于多态的几点说明如下。

（1）多态针对的是方法调用而不是变量访问。

（2）多态是针对继承体系结构而言的。

（3）运行时多态对一个方法的调用是基于具体调用对象而不是基于引用来确定具体调用哪个方法的。

7.5.5 运算符 instanceof

instanceof 严格来说是 Java 语言中的一个双目运算符，用来测试一个对象是否为一个类的实例，其语法格式如下。

```
对象名 instanceof 类名
```

例如:

```
boolean result = obj instanceof Class
```

其中，obj 为一个对象，Class 表示一个类或者一个接口，当 obj 为 Class 的对象，或者是 Class 的直接或间接子类，或者是其接口的实现类时，结果 result 都返回 true；否则，返回 false。

注意

编译器会检查 obj 是否能转换成右边的 class 类型，如果不能转换，则直接报错；如果不能确定类型，则通过编译，具体在运行时确定。其基本用法如下。

1. obj 必须为引用类型，不能是基本类型

```
int i = 0;
System.out.println(i instanceof Integer);//编译不通过
```

```
System.out.println(i instanceof Object);//编译不通过
```

instanceof 运算符只能用于对象的判断。

2. obj 为 class 的实例对象

```
Integer integer = new Integer(1);
System.out.println(integer instanceof  Integer);//true
```

3. obj 为 Class 接口的实现类

Java 集合中有一个上层接口 List，其中，有一个典型实现类 ArrayList。

```
public class ArrayList<E> extends AbstractList<E>
        implements List<E>, RandomAccess, Cloneable, java.io.Serializable
```

所以我们可以用 instanceof 运算符判断某个对象是否是 List 接口的实现类，如果是 List 接口的实现类，则返回 true；否则，返回 false。

```
ArrayList arrayList = new ArrayList();
System.out.println(arrayList instanceof List);//true
```

反过来，List 类型的变量也是 ArrayList 类型的实例。

```
List list = new ArrayList();
System.out.println(list instanceof ArrayList);//true
```

4. obj 为 class 类的直接或间接子类

新建一个父类 Person.class，然后创建它的一个子类 Man.class。

```
public class Person {

}
public class Man extends Person{

}
```

代码测试如下。

```
Person p1 = new Person();
Person p2 = new Man();
Man m1 = new Man();
System.out.println(p1 instanceof Man);//false
System.out.println(p2 instanceof Man);//true
System.out.println(m1 instanceof Man);//true
```

注意第一种情况——p1 instanceof Man，Man 是 Person 的子类，Person 不是 Man 的子类，所以返回结果为 false。

7.6 重用方式二——类的组合

类的组合是类重用的另一种方式。继承仅适用于有共同点的父类和子类之间，而组合并不要求类与类之间一定有直接的联系，一个类通过将其他类的对象加入自己的类中，从而使用其资源。需要注意的是，这里的“组合”表示代码层面的实现方式。类与类之间的关系除了继承外，还有依赖、聚合、关联、组合关系，这几种类关系都有一个共同点，即一个类 A 使用另一个类 B，它们的区别在于 A 与 B 的依赖程度不同，可以是临时与永久的关系，也可以是局部与整体的关系，这几种关系仅仅是语义上的不同，在代码层面都可以利用“组合”方法实现。

7.6.1 组合的语法

Java 类中的数据成员可以是其他类的对象，例如，程序中常定义 String 类型的成员变量，即类的组合。组合并不是面向对象语言特有的，在 C 语言的一个结构体中也常常用到其他结构体类型的变量。事实上，Java 类库某种意义上也是组合的实现，只不过采用的是 import 方式，把系统提供的类导入程序中，然后定义一个该类的对象使用它的方法、属性等。

组合的语法很简单，将组合类的对象作为数据成员加入当前类中作为数据成员，而当前类的代码无须做任何修改。组合是“has-a”或“is part of”的包含关系，可简单理解为一个类中包含了另一个类的对象。在程序设计时，判断是否采用组合的几点技巧如下。

（1）类之间没有“直系亲属”关系，是一种从属的依赖关系，这种关系可以是长期的（关联）、临时的（依赖）、整体的、局部的（聚合），也可以是相互依存的（组合）。

（2）一个类需要使用另一个类的所有功能，包括它们的属性和方法时。

（3）类与类之间是“has-a”或“is part of”的关系。

以车的组成为例，一辆车由车身、发动机、车轮、车窗、车门等部件组成。我们很自然地表示为“This car” has “body”“engine”“wheel”“windows” and “doors”。因此，在代码实现上可简单地把各个部件的对象放在类 Car 中，形成 Car 的组成部分。格式如下。

```
class Body {
  //类的语句
}
class Engine {
  //类的语句
}
class Wheel {
  //类的语句
}
class Windows {
  //类的语句
}
class Doors {
  //类的语句
}
class Car{
```

```
  Body bb;//bb 为数据成员
  Engine ee;//ee 为数据成员
  Wheel wh;//wh 为数据成员
  Windows win;//win 为数据成员
  Doors dd;//dd 为数据成员
}
```

这样一来，在 Car 这个类中通过 bb、ee、wh、win 和 dd 可使用多个类中的数据。

组合与继承最直接的区别是，包含（has-a）关系用组合来表达，属于（is a）关系用继承来表达。在组合关系下，当 A 类使用 B 类时，B 类的对象不仅可以作为 A 类的数据成员，还常常作为参数传递给 A 类的方法。

在大多数情况下，组合比继承更能使系统具有高度的灵活性和稳定性，有助于提升整个系统的可重用性，因此，设计时可以优先考虑组合。

下面从代码的层面探讨组合实现方式。如果类中有构造方法，当这个类的对象作为数据成员被组合到另一个类中时，如何对类数据成员进行初始化呢？

【例 7-24】实现由两个点连成一条线。类 Point 的对象采用组合方式，在类 Line 中用作数据成员。

```
public class Example7_24 {
    public static void main(String[] args) {
            Point one=new Point(4,2);
            Point two=new Point(6,3);
            Line lineone=new Line(one,two);
            System.out.println("点 A:"+one.x+","+one.y);
            System.out.println("点 B:"+two.x+","+two.y);
    }


}
class Point
{
    int x,y;//坐标
    public Point(int x,int y) {
            this.x=x;
            this.y=y;
    }
}
class Line{
    Point p1,p2;
    Line(Point a,Point b){
            p1=new Point(a.x,a.y);
            p2=new Point(b.x,b.y);

    }
}
```

运行结果如下。

```
点A:4,2
点B:6,3
```

此例中 Line 的构造方法以两个 Point 对象为参数，方法中调用了 Point 的构造方法对两个 Point 对象 p1、p2 进行了初始化。

还可以考虑另外一种实现方式，在 Line 的构造方法中直接以 Point 类的数据成员为参数，方法中同样调用 Point 的构造方法来完成对 p1、p2 的初始化。

```
class Line{
 Point p1,p2;
 Line(int x1,int y1,int x2,int y2){
       p1=new Point(x1,y1);
       p2=new Point(x2,y2);


 }
}
public class chap7_17 {
 public static void main(String[] args) {
       Line linetwo=new Line(4,2,6,3);
 }

}
```

7.6.2 组合与继承的结合

在实际开发中，有时仅使用组合或继承无法满足需要，往往需要将两种技术结合起来使用，创建一个更复杂的类，使其既能够在原有类的基础上得到适当的扩展，增添一些新特性和功能，又能将某些实用的功能融合到程序中，改进程序层次结构，从整体上大幅度提高程序的性能。但是，程序设计中继承和组合也各有不足之处，继承中父类和子类之间高度紧耦合，一旦父类的数据成员或方法有变化，其子类也要做相应的更改；组合太多的对象容易造成代码混乱，不易维护，因此，设计时需要权衡考虑，合理使用。

【例 7-25】类的组合与继承综合应用实例。现有盘子（Plate）、餐盘（DinnerPlate）、餐具（Utensil）、勺子（Spoon）、叉子（Fork）、刀（Kniff）类，DinnerPlate 是 Plate 的子类，Utensil 派生出 Spoon、Fork 及（Kniff），还有一个客户类（Custom），Custom 派生出了 PlaceSetting，PlaceSetting 又组合了以上各类。现编写测试类，模拟客户就餐场景。

```
class Plate {
      Plate(int i) {
            System.out.println("Plate constructor");
      }
}
```

```
class DinnerPlate extends Plate {

    DinnerPlate(int i) {

        super(i);// 必须初始化基类构造器
        System.out.println("DinnerPlate constructor");
    }

}
class Utensil {

//两个不同构造器，便于测试子类不能同时同地初始化
    Utensil(String s) {
        System.out.println("String Utensil");
    }

    Utensil(int i) {
        System.out.println("Utensil constructor");
    }

}
class Spoon extends Utensil {
//子类可以分步初始化基类
    Spoon(int i) {
        super(i);
        System.out.println("Spoon constructor");
    }

    Spoon(String i) {
        super(i);
        System.out.println("Spoon constructor");
    }
}

class Fork extends Utensil {
    Fork(String s) {
        super(s);
//super(1);//此处不能同时同地初始化基类构造器
                System.out.println("Fork.constructor");
    }
```

```
}

class Kniff extends Utensil {
      Kniff(int i) {
            super(i); //调用基类的构造器
            System.out.println("Kniff.constructor");
      }
}

class Custom {
      Custom(int i) {
            System.out.println("Custom.constructor");
 }
}

//上面的类为辅助类，下面的类为主要类
public class PlaceSetting extends Custom {
//该类展示了组合和继承的魅力之处
//组合开始
      private Kniff kn;
      private Custom cu;
      private Fork fo;
      private Spoon sp;
      private DinnerPlate di;

//继承开始
      PlaceSetting(int i) {
//初始化组合器
            super(i);
            kn = new Kniff(i);
            cu = new Custom(i);
            fo = new Fork(i + "1");
            sp = new Spoon(i);
            di = new DinnerPlate(i);

            System.out.println("PlaceSetting.constructor");

  }

  public static void main(String[] args) {

      PlaceSetting p = new PlaceSetting(2); //具有多功能的超级对象
```

```
        }
}
```

运行结果如下。

```
Custom.constructor
Utensil constructor
Kniff.constructor
Custom.constructor
String Utensil
Fork.constructor
Utensil constructor
Spoon constructor
Plate constructor
DinnerPlate constructor
PlaceSetting.constructor
```

该实例很好地体现了组合和继承的综合运用，Plate 派生出了 DinnerPlate，Utensil 派生出了 Spoon、Fork 和 Kniff，Custom 派生出了 PlaceSetting，PlaceSetting 又组合了以上各类。

思考

若一个电子产品商店售卖各种电子产品，如计算机（Computer）、投影仪（Stereo）、笔记本电脑（Laptop）。计算机、投影仪都是产品（Product）的子类，笔记本电脑（Laptop）是计算机（Computer）的子类，在这个电子产品商店中，类的层次是一种继承关系，此例需要综合运用继承与组合的关系，创建一个 HomeTheater 类，以组合的方式把 Computer、Laptop、Stereo 作为类成员数据放置于 HomeTheater 中。

7.7 本章习题

1. 创建一个球员类，并且该类最多只允许创建 11 个对象（提示：利用 static 和封装性来完成）。类图如图 7-2 所示，效果如图 7-3 所示。

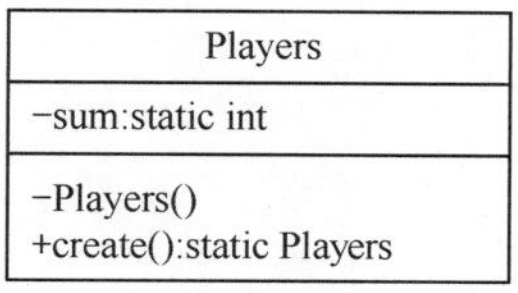

Players
-sum:static int
-Players() +create():static Players

图 7-2 类图

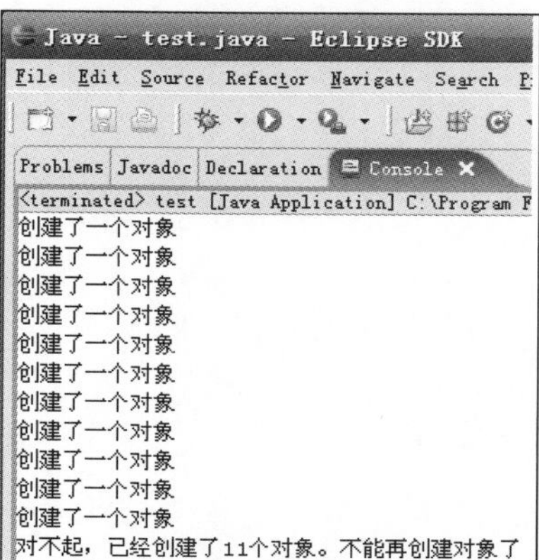

图 7-3 效果

2. 定义两个类

（1）定义一个汽车类 Vehicle，要求如下。

① 属性包括汽车品牌 brand（String 类型）、颜色 color（String 类型）和速度 speed（double 类型）。

② 至少提供一个有参的构造方法（要求品牌和颜色可以初始化为任意值，但速度的初始值必须为 0）。

③ 为属性提供访问器方法（注意：汽车品牌一旦初始化就不能再修改）。

④ 定义一个一般方法 run()，用打印语句描述汽车行驶的功能。

定义测试类 VehicleTest，在其 main()方法中创建一个品牌为“benz”、颜色为“black”的汽车。

（2）定义一个 Vehicle 类的子类轿车类 Car，要求如下。

① 轿车有自己的属性，即载人数 loader（int 类型）。

② 提供该类初始化属性的构造方法。

③ 重新定义 run()，用打印语句描述轿车行驶的功能。

④ 定义测试类 Test，在其 main 方法中创建一个品牌为“Honda”、颜色为“red”、载人数为 2 的轿车。

3. 设计 4 个类，分别如下。

（1）Shape 表示图形类，有面积属性 area、周长属性 per、颜色属性 color，有两个构造方法（一个是默认的，另一个是为颜色赋值的），3 个抽象方法，分别是 getArea 计算面积、getPer 计算周长、showAll 输出所有信息，以及一个求颜色的方法 getColor。

（2）两个子类。

① Rectangle 表示矩形类，增加两个属性，Width 表示宽度、height 表示高度，重写 getPer、getArea 和 showAll 3 个方法，另外增加两个构造方法（一个是默认的；另一个是为高度、宽度、颜色赋值的）。

② Circle 表示圆类，增加一个属性，radius 表示半径，重写 getPer、getArea 和 showAll 3 个方法，另外增加两个构造方法（分别为半径、颜色赋值）。

（3）一个测试类 PolyDemo，在 main()方法中，声明创建每个子类的对象，并调用两个子类的 showAll 方法。

第 8 章 接口和内部类

08

▶ 内容导学

接口是另一种定义数据类型的方式。接口和类一样，可以定义自己的成员变量和成员方法，可以通过继承产生子接口。接口的成员变量和成员方法很特殊，只有被类实现后才能创建对象。虽然一个类只能继承一个父类，但一个类可以实现多个接口。内部类从表面上看，就是在类中又定义了一个类，而实际上并没有那么简单，乍看上去内部类似乎有些多余，它的用处对于初学者来说可能并不是那么显著，但是随着对它进行深入了解，你会发现 Java 语言的设计者在内部类上的确是用心良苦。学会使用内部类，是掌握 Java 高级编程的一部分，它可以让你更优雅地设计程序结构。本章讲解 Java 语言中的接口和内部类，首先介绍接口的概念和基本特征、接口的定义及实现；然后介绍接口和抽象类的区别；最后介绍内部类的概念、静态内部类、方法内部类以及匿名内部类。

▶ 学习目标

① 掌握接口的概念与定义。
② 掌握接口的实现方式。
③ 理解接口和抽象类的区别与联系。
④ 了解内部类的基本概念。
⑤ 掌握创建内部类方法。
⑥ 了解静态内部类。
⑦ 了解方法中的内部类。
⑧ 掌握匿名内部类的使用。

Java 语言是由 C++语言发展而来的，在 C++语言中有这样一个问题：一个类可以同时继承多个父类，也就是允许类的多重继承，但是在进行多重继承时容易导致方法访问的冲突，比如一个子类同时继承了两个父类，如果在这两个父类中有两个具有相同方法头的方法，就会引起冲突。为了避免这个问题，Java 语言中类之间只能单重继承，也就是说一个子类只能直接继承一个父类，这样既避免了前面所说的冲突问题，又简化了程序的结构，增强了程序的可读性。但是某些现实问题还需要用多重继承来描述，如图 8-1 所示的多重继承关系，其中蔬菜和水果既是一种植物，也是可食用的，因此，需要多重继承来描述这个问题。为了解决多重继承的问题，Java 语言提供了一种特殊的类——接口，通过接口可以实现多重继承，图 8-1 中的“可食用”就可以定义成接口。蔬菜和水果既可以是植物的子类，又可以是接口的子类。那么如何定义接口，接口如何使用，接口和类又有什么区别？下面将一一解答这些问题。

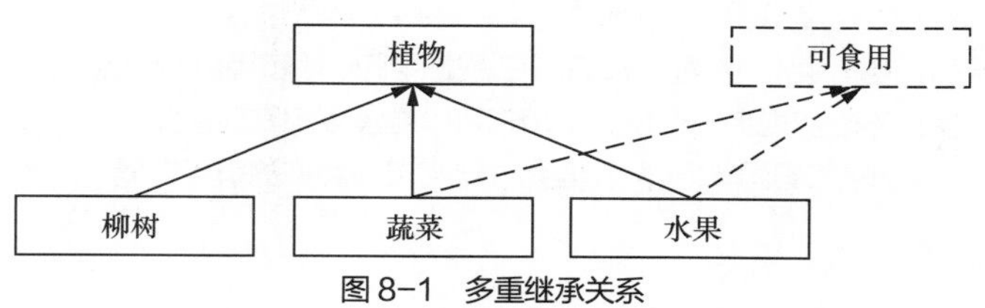

图 8-1　多重继承关系

8.1 接口的概念和基本特征

Java 语言中的接口是一系列方法的声明，是一些方法特征的集合，接口只有方法的特征没有方法的实现，因此，这些方法可以在不同的地方被不同的类实现，而这些实现可以具有不同的行为（功能）。接口可以被理解为一种特殊的类，里面全部是全局常量和公共的抽象方法。接口是解决 Java 语言无法使用多重继承的一种手段，但是接口在实际中更多的作用是制定标准。或者可以直接把接口理解为 100% 的抽象类，即接口中的方法必须全部是抽象方法（JDK 1.8 之前可以这样理解）。

在 Java 语言中，接口有两种含义。

一是指概念性的接口，即指系统对外提供的所有服务。类的所有能被外部使用者访问的方法构成了接口。

二是指用 interface 关键字定义的实实在在的接口，也称为接口类型。它用于明确地描述系统对外提供的所有服务，能够更加清晰地把系统的实现细节与接口分离开。

本章介绍的是接口类型，它与抽象类在表面上有些相似，接口类型与抽象类都不能被实例化。在接口类型中声明了系统对外所能提供的服务，但不包含具体的实现。定义接口的目的是描述一种实现某种功能所必须遵守的规范。规范中的数据当然是不能被修改的，实现接口的类必须按照接口中的方法头定义自己的方法。接口可以实现多重继承，接口中的方法都是抽象方法，没有方法体，因此即使接口中存在相同的方法，也不会引起冲突。

8.2 接口的定义及实现

1. 接口的定义

在 Java 语言中，接口的定义采用 interface 关键字，接口定义的语法如下。

```
[public] interface 接口名[extends 父接口列表]
{
// 属性声明
[public] [static] [final]属性类型 属性名 = 常量值 ;
// 方法声明
[public] [abstract]返回值类型 方法名 ( 参数列表 );
}
```

注意

（1）修饰接口的修饰符只有 public 和默认修饰符两种。
（2）接口可以是多重继承，只能继承接口，不能继承类。
（3）接口中的成员变量默认都是 public、static、final 类型，必须被显式初始化。
（4）接口中的方法默认都是 public、abstract 类型。
（5）如果接口用 public 修饰，接口所在源文件名必须和接口名一致。
（6）一个接口不能实现另一个接口，但它可以继承多个其他接口。
（7）不允许创建接口类型的实例，但允许定义接口类型的引用变量。

例如：

```
public  interface  IA {
 public  abstract  int  Action1();     ← 抽象方法
 public  int  Action2();     ← 接口中不使用 abstract 声明的方法也是抽象方法
}
```

在 Java 语言中，接口中不能包含具体实现的方法，例如：

```
public  interface  IB{
 public void function(){
            System.out.println("Hello!");
 }
}
```

上面的写法是错误的，正确的写法如下。

```
public  interface  IB{
 public void function();
}
```

在接口中除了包含抽象方法外，还可以包含常量的声明，如下。

```
public  interface  IA{
 public  static final  int  CODE=1001;   ← 常量
 public  int  Action1();
 public  int  Action2();
}
```

【例 8-1】定义接口 AreaInterface，其中有静态常量 pai 和求面积的抽象方法 area()。

```
package jiekou;
public interface AreaInterface{
     double pai=Math.PI;
     double area();
}
```

2. 接口的实现

接口必须通过类来实现它的抽象方法，类实现接口的语法如下。

```
class 类名[extends 父类] [implements 接口列表]
{
//覆盖所有接口中定义的方法
}
```

注意

（1）一个类可以同时实现多个接口，但只能继承一个类。
（2）类中必须覆盖接口中的所有方法，而且都是公开的。

【例 8-2】类 Circle 和类 Rectangle 实现了【例 8-1】定义的 AreaInterface 接口，即为接口中的抽象方法 area()编写了满足各自要求的方法体，分别求圆形和长方形的面积。

类 Circle 的定义如下。

```
package jiekou;
public class Circle implements AreaInterface{
    double r;
    public Circle(double x){
        r=x;
    }
    //实现接口中的抽象方法，求圆形面积
    public double area(){
        return pai * r * r;
    }
    public String toString(){
        return "圆：r="+r+"\tarea="+area();
    }
}
```

类 Rectangle 的定义如下。

```
package jiekou;
public class Rectangle implements AreaInterface{
    double x,y;
    public Rectangle(double a,double b){
        x=a;
        y=b;
    }
    public double area()//实现接口中的抽象方法，求长方形面积
    {
        return x * y;
    }
    public String toString() {
        return "长方形：x=" + x + ";y=" + y + "\t" + "area=" + area();
    }
}
```

测试类的定义如下。

```
package mypack2;
public class TestAreaInterface {
            public static void main(String[] args) {
            AreaInterface area1=new Circle(5);
            System.out.println(area1.toString());
            AreaInterface area2=new Rectangle(4,5);
            System.out.println(area2.toString());
```

```
    }
}
```

运行效果如下。

```
圆形：r=5.0    area=78.53981633974483
长方形：x=4.0;y=5.0     area=20.0
```

8.3 接口和抽象类

（1）接口和抽象类都是继承树的上层，它们具有以下相同点。

① 都代表系统的抽象层。当一个系统使用一棵继承树上的类时，应该尽可能地把引用变量声明为继承树的上层抽象类，这样可以降低两个系统之间的耦合度。

② 都不能被实例化。

③ 都能包含抽象方法。这些抽象方法描述系统能提供哪些服务，但不必提供具体的实现。

（2）接口和抽象类主要有两大区别。

① Java 抽象类可以提供某些方法的部分实现，从而避免在子类中重复实现它们，提高代码的可重用性，这是抽象类的优势所在；而 Java 接口中只能包含抽象方法。抽象类的优势体现在：如果向一个抽象类中加入一个新的具体方法，那么它所有的子类将立即得到这个新方法。而 Java 接口做不到这一点，如果向一个 Java 接口中加入一个新方法，所有实现这个接口的类就无法成功通过编译了，必须让每一个类实现这个方法才行，这显然是 Java 接口的缺点。

② 一个类只能继承一个直接的父类，这个父类有可能是抽象类；但一个类可以实现多个接口，这是接口的优势所在。不难看出，Java 接口是定义混合类的理想工具，混合类表明一个类不仅仅具有某个主类型的行为，而且具有其他的次要行为。

（3）在语法上，抽象类和接口有以下不同点。

① abstract class 在 Java 语言中表示的是一种继承关系，一个类只能使用一次继承关系。但是，一个类可以实现多个 interface。继承抽象类使用的是 extends 关键字，实现接口使用的是 implements 关键字，继承写在前面，实现接口写在后面。如果实现多个接口，中间用逗号分隔。

```
public class Main extends JApplet
public class Main implements Runnable
public class Main extends JApplet implements ActionListener
public class Main extends JApplet implements ActionListener, Runnable
```

② 在 abstract class 中可以有自己的数据成员，也可以有非抽象的成员方法，而在 interface 中，只能有静态的不能被修改的数据成员（必须是 static final 的，但在 interface 中一般不定义数据成员），所有的成员方法都是抽象的。

③ abstract class 和 interface 所反映出的设计理念不同。abstract class 表示的是“is-a”关系，interface 表示的是“like-a”关系。

④ 实现接口的类必须实现其中的所有方法，继承自抽象类的子类实现所有的抽象方法。抽象类中可以有非抽象方法，接口中则不能有实现方法。

⑤ 接口中定义的变量默认是 public static final 型，且必须给其赋初值，所以实现类中不能重新定义变量，也不能改变其值。

⑥ 抽象类中的变量可以在子类中重新定义，也可以重新赋值。

⑦ 接口中的方法默认都是 public abstract 类型的。

8.4 内部类

为什么在 Java 语言中需要内部类？原因主要有以下 4 点。

（1）每个内部类都能独立地继承一个接口的实现，所以无论外部类是否已经继承了某个（接口的）实现，对于内部类都没有影响。内部类使多继承的解决方案变得完整。

（2）既方便将存在一定逻辑关系的类组织在一起，又可以对外界隐藏。

（3）方便编写事件驱动程序。

（4）方便编写线程代码。

其中第一点是最重要的原因，内部类的存在使 Java 语言的多继承机制变得更加完善。

8.4.1 内部类的概念

简单地说，内部类是在另一个类或方法的定义中定义的类，其语法如下。

```
Class OuterClass{
…
        Class InnerClass{
…
        }
}
```

内部类的作用主要有以下 3 个。

（1）实现了类的重用功能，把类的组合实现方式更换为一种更直观的方式，即将一个类的定义全部放入类体中，可直接使用，不必通过定义对象来使用，实现类的重用。

（2）实现了多重继承，在程序设计中，如果一个类本身继承于另一个类，同时这个类的内部类可以再继承于另一个类，这个类相当于继承了两个类，以另一种方式实现了多重继承。

（3）增强封装性，可以把不打算公开的某些数据隐藏在内部类中，使用时不必声明该内部类的具体对象，而通过外部类对象间接调用内部类数据。另外，内部类可访问其外部类中的所有数据成员和方法成员。

如此看来，内部类能同时实现多重继承、组合、封装的功能，在 Java 高级编程中，内部类的使用使程序设计达到一种更高的境界，缺点是代码不太容易理解，而且比较烦琐。实例化内部类，必须首先实例化外部类，语法如下。

```
OuterClass.InnerClass innerObject=outObject.new InnerClass();
```

与外部类不同，内部类的访问权限可以为 private、public、protected 或默认包权限。

【例 8-3】内部类的应用举例。

```
class Outer{
    private String str ="外部类中的字符串";
    //**************************
    //定义一个内部类
    class Inner{
```

```
        private String inStr= "内部类中的字符串";
        //定义一个普通方法
        public void print(){
            //调用外部类的 str 属性
            System.out.println(str);
        }
    }
    //****************************
    //在外部类中定义一个方法，该方法负责产生内部类对象并调用 print()方法
    public void fun(){
        //内部类对象
        Inner in = new Inner();
        //内部类对象提供的 print
        in.print();
    }
}
public class Example8_3{
    public static void main(String[] args)
    {
        //创建外部类对象
        Outer out = new Outer();
        //外部类方法
        out.fun();
    }
}
```

运行结果如下。

```
外部类中的字符串
```

8.4.2 静态内部类

如果不希望内部类与其外部类对象之间有联系，可以把内部类声明为 static，它可以不依赖于外部类实例化而被实例化，而通常的内部类需要在外部类实例化后才能实例化，静态内部类定义语法如下。

```
OuterClass.StaicNestedClass nestedObject=new OuterClass.StaicNestedClass();
```

静态内部类只能访问外部类的静态成员，包括静态变量和静态方法，甚至私有成员。因为静态内部类是 static 的，与外部类的对象无关，因此，没有 this 指针指向外部类的对象，也就是静态内部类不能直接访问其外部类中的任何非静态数据，若要访问，只能先在静态内部类中创建一个外部类对象，然后通过该对象来间接访问。静态内部类访问外部内容的数据的代码如下。

```
public class Outer{
    int i;
    static class StaticInner{
```

```
            Outer o=new Outer();
            void pp() {
                    o.i=4;
            }
    }
}
```

8.4.3 创建内部类

（1）在外部类的外部创建非静态内部类，语法如下。

```
外部类.内部类  内部类对象 = new 外部类().new 内部类();
```

例如：

```
Outer.Inner in = new Outer().new Inner();
```

（2）在外部类的外部创建静态内部类，语法如下。

```
外部类.内部类  内部类对象 = new 外部类.内部类();
```

例如：

```
Outer.Inner in = new Outer.Inner();
```

（3）在外部类的内部创建内部类，就像创建普通对象一样直接创建，语法如下。

```
Inner in = new Inner()
```

8.4.4 方法内部类

方法内部类，顾名思义就是定义在方法里的类。

（1）方法内部类不允许使用访问权限修饰符（public、private、protected 均不允许）。

```
class Test{
        private int num =5;
        public void dispaly(final int temp)
        {
                //方法内部类即嵌套在方法里面
                class Inner{
            }
        }
}
```

（2）方法内部类对外部完全隐藏，除了创建这个类的方法可以访问它以外，其他方法均不能访问（换句话说其他方法或者类都不知道有这个类的存在）。

（3）方法内部类如果想使用方法形参，该形参必须使用 final 声明（JDK 8 形参变为隐式 final 声明）。

【例 8-4】方法内部类应用实例。

```
class Outer{
    private int num =5;
    //普通方法
    public void display(int temp)
    {
        //方法内部类即嵌套在方法里面
        class Inner{
            public void fun()
            {
                System.out.println(num);
                temp++;//错误，从内部类引用的本地变量必须是最终变量
                System.out.println(temp);
            }
        }
        //方法内部类在方法里面创建
        new Inner().fun();
    }
}
public class Example8_4{
    public static void main(String[] args)
    {
        Outer out = new Outer();
        out.display(2);
    }
}
```

8.4.5 匿名内部类

匿名内部类，顾名思义是省略了内部类的名字，通常在方法中使用，即方法中定义的省略了名字的内部类。匿名内部类实现方式比直接在方法中添加内部类简洁些，语法上是在 new 关键字后声明内部类，并立即创建一个对象。匿名内部类可以访问所有外部类的方法变量。

匿名内部类的代码虽然简洁，但可读性较差，概念上不容易理解，常用于图形用户界面事件处理，是 Java 语言实现事件驱动程序设计最重要的机制，所以理解匿名内部类的代码结构非常重要，有助于学习后面的图形用户界面中的事件处理机制。

【例 8-5】匿名内部类应用实例。

```
//匿名内部类
//声明一个接口
interface MyInterface {
    //接口中的方法没有方法体
    void test();
}
```

```
class Outer{
    private int num = 5;
    public void display(int temp)
    {
        //匿名内部类，匿名实现 MyInterface 接口
        //隐藏的 class 声明
        new MyInterface()
        {
            public void test()
            {
                System.out.println("匿名实现 MyInterface 接口");
                System.out.println(temp);
            }
        }.test();
    }
}
public class Example8_5{
    public static void main(String[] args)
    {
        Outer out = new Outer();
        out.display(3);
    }
}
```

运行结果如下。

```
匿名实现 MyInterface 接口
3
```

8.5 本章习题

1. 定义接口 Edible 表示“对象是否是可食用的”，在该接口中定义表示“如何吃”的抽象方法 howToEat()；定义所有动物类的父类 Animal，定义 Chicken 类扩展自 Animal 类并实现可食用接口 Edible；定义 Tiger 类继承自 Animal 类；定义抽象类 Fruit 实现 Edible 接口，定义其子类 Apple 和 Orange，在这两个类中实现接口中的 howToEat()方法。

在测试类的主方法中声明 Object 类型的数组，数组初始化为老虎（Tiger）、小鸡（Chicken）和苹果（Apple）3 个对象。遍历该对象数据，如果该对象实现了 Edible，则输出该对象的 howToEat()方法。

2. 利用接口继承完成对生物、动物、人 3 个接口的定义。其中，生物接口定义呼吸抽象方法；动物接口除具备生物接口特征之外，还定义了吃饭和睡觉两个抽象方法；人接口除具备动物接口特征外，还定义了思维和学习两个抽象方法。定义一个学生类实现上述人接口。

3. 定义一个接口 CanFly，描述会飞的方法 public void fly()；分别定义飞机类和鸟类，实现 CanFly 接口。

定义一个测试类，测试飞机和鸟。测试类中定义一个 makeFly()方法，让会飞的事物飞起来。在 main()方法中创建飞机对象和鸟对象，并在 main()方法中调用 makeFly()方法，让飞机和鸟起飞。

第 9 章 常用类

09

内容导学

Java 应用程序接口（Java API，Java Application Programming Interface）是 JDK 提供的各种功能的 Java 类。灵活使用 Java API，能够提高使用 Java 语言编写程序的效率。本章对 Java 语言中提供的最常用的工具类进行介绍，包括包装类、字符串、Math 类和日期类等。本章将对这些类的使用方法进行归纳总结，方便读者在使用时进行查阅。

学习目标

① 掌握包装类的使用。
② 掌握字符串的使用。
③ 掌握 Math 类的使用。
④ 掌握日期类的使用。

9.1 Java API

Java API 就是 JDK 提供的各种功能的 Java 类。由于 Java 类库非常庞大，而且还在不断壮大，本书不可能一一介绍所有类的使用方法，读者可以查阅 JavaDoc 文档（也称为 Java API 文档），在需要用到某个类的时候，可以从 JavaDoc 文档中获得这个类的详细信息。Java API 的帮助文档可到官网下载。灵活使用 Java API 能够提高使用 Java 语言编写程序的效率。下面对 Java 语言中提供的最常用的工具类进行介绍。

- java.lang：Java 语言包（包含 String、Math、System 等类），在任何类中，该包中的类都会被自动导入。
- java.util：包含一些实用的工具类，如 list、calendar、date 等类。
- java.awt：图形用户界面包。
- java.io：提供多种输入/输出功能的类。
- java.net：提供网络应用功能的类。

java.lang 包中常用的类见表 9-1。

表 9-1 java.lang 包中常用的类

序号	类	序号	类	序号	类
1	Boolean	6	Integer	11	StringBuffer
2	Byte	7	Long	12	StringBuilder
3	Character	8	Short	13	System
4	Double	9	Object	14	Math
5	Float	10	String	15	Runnable（接口）

续表

序号	类	序号	类	序号	类
16	Thread	19	Exception	22	NumberFormatException
17	Error	20	ClassNotFoundException	23	RuntimeException
18	Throwable	21	NullPointerException	24	ArithmeticException

java.util 包中常用的类见表 9-2。

表 9-2　　java.util 包中常用的类

序号	类	序号	类	序号	类
1	Collection（接口）	8	Stack	15	Hashtable
2	Iterator（接口）	9	Arrays	16	TreeMap
3	ListIterator（接口）	10	Set（接口）	17	Calendar
4	List（接口）	11	HashSet	18	Date
5	ArrayList	12	TreeSet	19	Random
6	LinkedList	13	Map（接口）	20	Scanner
7	Vector	14	HashMap	21	Collections

java.io 包中常用的类见表 9-3。

表 9-3　　java.io 包中常用的类

序号	类	序号	类	序号	类
1	BufferedInputStream	10	FileReader	19	PrintWriter
2	BufferedOutputStream	11	FileWriter	20	Reader
3	BufferedReader	12	InputStream	21	Writer
4	BufferedWriter	13	InputStreamReader	22	Serializable（接口）
5	DataInputStream	14	OutputStream	23	Externalizable（接口）
6	DataOutputStream	15	OutputStreamWriter	24	IOException
7	File	16	ObjectInputStream	25	FileNotFoundException
8	FileInputStream	17	ObjectOutputStream	26	InvalidClassException
9	FileOutputStream	18	PrintStream		

9.2 包装类简介

包装类和基本数据类型的名称基本相同，不同之处是包装类名称的首字母要大写，如 int 和 char 的封装类型为 Integer 和 Character。基本数据类型不是对象层次结构的组成部分，有时需要像处理对象一样处理这些基本数据类型，可通过相应的“包装类”来“包装”它。

9.2.1 基本类型与包装类之间的转换

基本数据类型与包装类之间的转换见表 9-4。

表 9-4 基本数据类型与包装类之间的转换

基本数据类型	包装类
boolean	Boolean
byte	Byte
char	Character
double	Double
float	Float
int	Integer
long	Long
short	Short

8 种基本数据类型都有对应的包装类，图 9-1 是它们的继承层次结构。

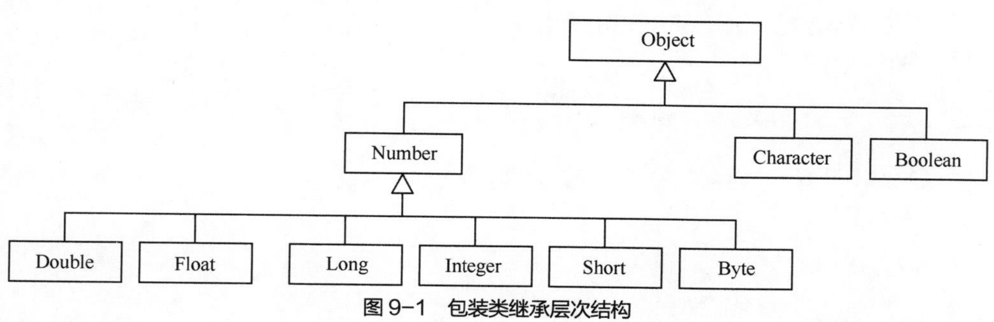

图 9-1 包装类继承层次结构

基本数据类型的变量没有默认值，而包装类的变量默认值是 null。在这 8 个类中，除了 Integer 和 Character 类以外，其他 6 个类的类名和基本数据类型一致，只是类名的第一个字母大写即可。对于包装类来说，这些类的用途主要有两种。

（1）作为与基本数据类型对应的类型存在，方便涉及对象的操作。

（2）包含每种基本数据类型的相关属性，如最大值、最小值等，以及相关的操作方法。

包装类能够完成数据类型之间（除 boolean）的相互转换，尤其是基本数据类型和 String 类型的转换。包装类中包含了对应的基本数据类型的值，封装了 String 和基本数据类型之间相互转换的方法，还包含一些处理这些基本数据类型的非常有用的属性和方法。

由于 8 个包装类的使用方法基本类似，下面以最常用的 Integer 类为例介绍包装类的实际使用方法。

1. 实现 int 类型和 Integer 类之间的转换

在实际转换时，使用 Integer 类的构造方法和 Integer 类内部的 intValue 方法实现这些类型之间的相互转换，实现的代码如下。

```
//将 int 类型转换为 Integer 类
int n = 10;
Integer in = new Integer(n);
```

```
//将 Integer 类的对象转换为 int 类型
int m = in.intValue();
```

2. Integer 类内部的常用方法

Integer 类内部包含了一些和 int 操作有关的方法，下面介绍一些比较常用的方法。

（1）parseInt 方法。

```
public static int parseInt(String s)
```

该方法的作用是将数字字符串转换为 int 数值。在界面编程中，将字符串转换为对应的 int 数字是一种比较常见的操作，实现的代码如下。

```
String s = "123";
int n = Integer.parseInt(s);
```

由以上代码可知，int 变量 *n* 的值是 123，该方法实际上实现了字符串和 int 之间的转换，如果字符串包含的不都是数字字符，则程序执行将出现异常。

（2）toString 方法。

```
public static String toString(int i)
```

该方法的作用是将 int 类型转换为对应的 String 类。

应用示例如下。

```
int m = 1000;
String s = Integer.toString(m);
```

由以上代码可知，字符串 s 的值是“1000”。

9.2.2 字符串与基本数据类型、包装类转换

字符串与基本数据类型、包装类转换如图 9-2 所示。

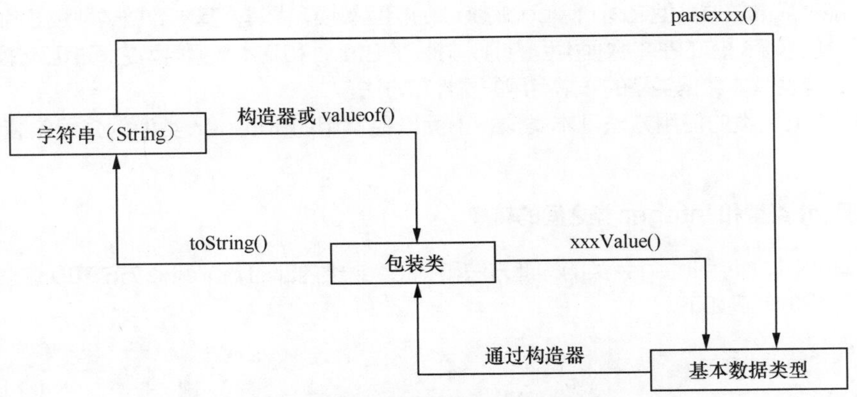

图 9-2 字符串与基本数据类型、包装类转换

1. 其他数据类型转换成字符串

java.lang.Object 类派生的所有类几乎都提供了 toString()方法，即将该类转换为字符串。例如，Character、Integer、Float、Double、Boolean、Short 等类的 toString()方法分别用于将字符型、整型、浮点型、双精度浮点型、布尔型、短整型等类转换为字符串，具体如下。

```
int i1=10;float f1=3.14f;double d1=3.1415926;
Integer I1=new Integer(i1);//生成 Integer 类
Float F1=new Float(f1); //生成 Float 类
Double D1=new Double(d1); //生成 Double 类
//分别调用包装类的 toString() 方法转换为字符串
String si1=I1.toString();
String sf1=F1.toString();
String sd1=D1.toString();
Sysytem.out.println("si1"+si1);
Sysytem.out.println("sf1"+sf1);
Sysytem.out.println("sd1"+sd1);
```

整数转换成字符串也可以采用如下方法。

```
int MyInt = 1234;
String MyString = "" + MyInt;
```

其他数据类型可以利用同样的方法转换成字符串。

2. 字符串转换成其他数据类型

字符串转换成整数，如下。

```
String MyNumber ="1234";
int MyInt = Integer.parseInt(MyNumber);
```

字符串转换成 byte、short、int、float、double、long 等数据类型，可以分别参考 Byte、Short、Integer、Float、Double、Long 类的 parseXXX 方法。

其实，JDK 自 1.5（5.0）版本，就引入了自动拆装箱的语法，也就是在进行基本数据类型和对应的包装类转换时，系统将自动进行转换，这将大大方便代码的书写。代码如下所示。

```
//int 类型会自动转换为 Integer 类
int m = 12;
Integer in = m;
//Integer 类会自动转换为 int 类型
int n = in;
```

在实际使用自动拆装箱语法时，类型转换将变得很简单，因为系统将自动实现对应的转换。Java 语言允许基本类型和包装类之间进行自动转换。例如，自动装箱语法可以将一个基本数据类型转换为对象，示例如下。

```
Integer intObject = new Integer(2);
```

等价于

```
Integer intObject = 2;
```

将基本类型转换为包装类对象的过程称为装箱，相反的过程称为拆箱。如果一个基本类型出现在需要对象的环境中，编译器会将基本类型值进行自动装箱；如果一个对象出现在需要基本类型的环境中，编辑器会将对象进行自动拆箱。示例如下。

```
Integer [] intArray ={1,2,3}; //1
System.out.println(intArray[0] + intArray [1] + intArray[2]); //2
```

在第一行中，基本类型 1、2、3 被自动装箱成对象 new Integer(1)、new Integer(2)、new Integer(3)。在第二行中，对象 intArray[0]、intArray[1]、intArray[2]被自动转换为 int 值，然后进行相加。

【例 9-1】包装类综合练习。

```
public class TestWrapper {
        public static void main(String args[]){
                Object[] o = new Object[3];
                Integer ii = new Integer(5);
                int jj = ii.intValue();
                //自动拆箱、自动装箱
                Integer aa = 9;
                int bb = aa;
                Integer i = new Integer(5);
                Integer j = new Integer(5);
                System.out.print(i.equals(j));
                /*包装类变量与基本数据类型之间的转换*/
                //1.基本数据类型 —— 包装类
                Double obj_d = new Double(3.14);
                //2.包装类 —— 基本数据类型
                double d = obj_d.doubleValue();
                //3.字符串 —— 包装类
                Integer obj_i = new Integer("5");
                //4.字符串 —— 基本数据类型
                double n = Double.parseDouble("5");
                //5.基本数据类型 —— 字符串
                String s = Integer.toString(888);
  }
 }
```

9.3 字符串

字符串是编程中最常使用的一种数据类型，Java 语言用类来描述字符串，其中最常用的字符串是 String、StringBuffer 和 StringBuilder。本节将介绍每种字符串的特点，以便能在应用时选择合适的字符串类型。字符串不属于 8 种基本的数据类型，而是一种引用类型。String 对象代表一组不可改变的 Unicode 字符序列，对它的任何修改实际上都会产生一个新的字符串，String 对象的内容一旦被初始化就不能再改变，String 类是 final 类型。StringBuffer 对象代表一组可改变的 Unicode 字符序列。StringBuilder 是 JDK 5.0 才有的字符串类，其中的方法与 StringBuffer 类的方法相同。

9.3.1 String 对象的创建

String 是比较特殊的数据类型，它不属于基本数据类型，但是用法与基本数据类型一样，可以直接赋值，可以不使用关键字 new 进行实例化，也可以像其他类型一样使用关键字 new 进行实例化。String 的创建方式有两种。

（1）静态方式（常用）：像给变量直接赋值一样来使用。例如：

```
String s1 = "abc"; String s2 = "abc";
```

（2）动态方式：动态的内存分配，使用 new 运算符。例如：

```
String s3= new String("abc"); String s4= new String("abc");
```

这两种方式创建的字符串是同一个字符串对象吗？答案为“不是”。它们的区别在于：使用静态方式创建的字符串，在方法区的常量池中只会产生唯一 一个字符串对象，使用该方式产生同样一个字符串时，内存中不再开辟另外一块空间，而是两个引用变量指向同一个字符串对象；使用动态方式创建的字符串在堆内存中会产生不同的对象。

对于上面采用静态方式创建的字符串 s1、s2 与采用动态方式创建的字符串 s3 和 s4，其内存空间分配方式示意如图 9-3 所示。

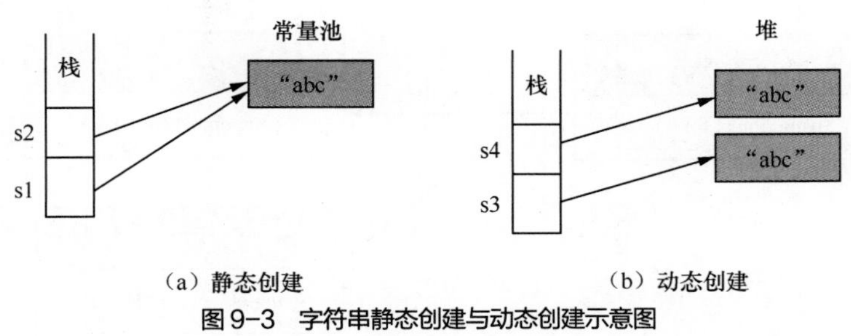

图 9-3　字符串静态创建与动态创建示意图

动态创建 String 对象时需要用到构造方法，String 类的构造方法如下。

（1）初始化一个新创建的 String 对象，它表示一个空字符序列。

```
String 变量名 = new String ();
```

（2）注意空字符串与 null 的区别：空字符串表示 String 对象的内容为空，而 null 表示 String 类的变量不指向任何 String 对象。

（3）初始化一个新创建的 String 对象，表示一个与该参数相同的字符序列。

```
String 变量名 = new String (String value) ;
```

另外，String 在使用的时候不需要用 import 语句导入。如果想把字符串连接起来，可以使用“+”完成。

```
String str1 = "hello";
String str2 = "world";
String str = str1 + str2; //str 为“helloworld”
```

连接操作符“+”可以将其他各种类型的数据转换成字符串，并将前后连接成新的字符串。

```
System.out.println(5+6+'A'); ——————> 76
System.out.println(5+6+"A");——————> 11A
System.out.println(5+"A"+6);——————>5A6
```

9.3.2 不可变字符串与限定字符串

任何一个 String 对象在创建之后都不能对其内容进行任何改变。对字符串进行连接、获得子串和改变大小写等操作，实际上是产生了一个新的 String 对象，在程序的任何地方，相同的字符串字面常量都是同一个对象。下面的代码能改变字符串的内容吗?

```
String s="Java";
s="HTML";
```

答案是“不能”。第一条语句创建了一个内容为“Java”的 String 对象，并将其引用赋值给 s。第二条语句创建了一个内容为“HTML”的新 String 对象，并将其引用赋值给 s。赋值后第一个 String 对象仍然存在，但是不能再访问它，因为变量 s 现在指向了新的对象，如图 9-4 所示。

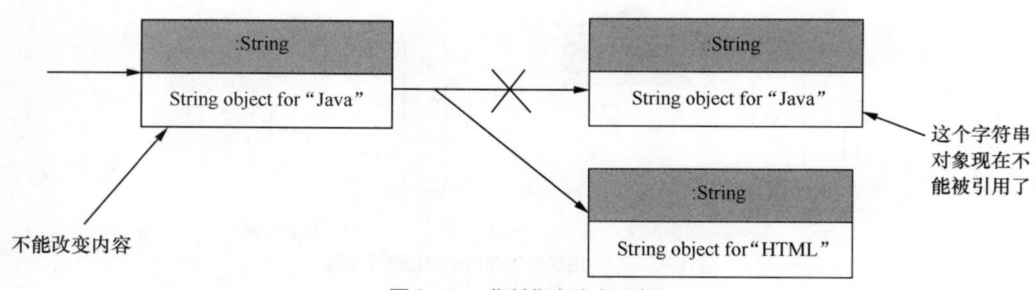

图 9-4　s 指针指向改变示意

因为字符串在程序设计中是不可改变的，但同时又会被频繁地使用，所以 Java 虚拟机为了提高效率并节省内存，对具有相同字符串序列的字符串直接使用同一个实例。

9.3.3 字符串的比较

String 类提供了多种比较字符串的方法，String 类重置了 equals 方法，用于比较两个字符串的内容。

```
String str1 = "hello";
String str2 = new String("hello");
System.out.println(str1==str2);
System.out.println(str1.equals(str2));
```

运行结果如下。

```
false
true
```

程序分析：运算符==用来检测两个字符串是否指向同一个对象，但它不会告诉你它们的内容是否相同。因此，不能使用==运算符判断两个字符串变量的内容是否相同。应该使用 equals 进行判断。例如，可以使用下面的代码比较两个字符串。

```
if(str1.equals(str2))
    System.out.println("str1 and str2 have the same contents");
 else
    System.out.println("str1 and str2 are not equal");
```

例如，下面的语句先显示 true，然后显示 false。

```
String s1=new String("welcome to Java");
String s2="welcome to Java";
String s3="welcome to C++";
System.out.println(s1.equals(s2)); //true
System.out.println(s1.equals(s3));//false
```

【例 9-2】字符串 equals 方法使用实例。

```
String s1 = "abc";
String s2 = new String("abc");
String s3 = new String("abc");
String s4 = "abc";
System.out.println(s1.equals(s2));//true
System.out.println(s1.equals(s4));// true
System.out.println(s2.equals(s3));//true
```

compareTo 方法也可比较字符串。例如：

```
s1. compareTo(s2);
```

如果 s1 与 s2 相等，那么该方法的返回值为 0；如果按字典序（以统一码的顺序）s1 小于 s2，那么该方法的返回值小于 0；如果按字典序 s1 大于 s2，那么该方法的返回值大于 0。

compareTo 方法返回的实际值是依据 s1 和 s2 从左到右数第一个不同字符之间的距离得出的，例如，假设 s1 为“abc”，s2 为“abg”，那么 s1. compareTo(s2)返回-4。首先比较的是 s1 与 s2 中第一个位置的字符（a与a），因为它们相等，所以比较第二个位置的两个字符（b与b），它们也相等，所以比较第三个位置的两个字符（c与g）。由于字符c比字符g小4，所以比较之后返回-4。如果使用像>、>=、<或<=这样的比较运算符比较两个字符串，就会发生错误，替代的方法就是使用 s1.compareTo(s2)来进行比较。

9.3.4 字符串与数组之间的转换

字符串不是数组，但是字符串可以转换成数组，反之亦然。

1. 与字符数组之间的转换

为了将字符串转换成一个字符数组，可以使用 toCharArray 方法。例如，下述语句将字符串"Java"转换成一个数组。

```
char[] chars="Java". toCharArray();
```

chars[0]是'J'，chars[1]是'a'，chars[2]是'v'，chars[3]是'a'。

为了将一个字符数组转换成字符串，应该使用构造方法 String(char[])或者 valueOf(char[])。例如，下面的语句使用 String 构造方法由一个数组构造一个字符串。

```
String str=new String(new char[]{'j', 'a', 'v', 'a'});
```

下面的语句使用 valueOf 方法由一个数组构造一个字符串。

```
String str=String. valueOf(new char[]{'j', 'a', 'v', 'a'});
```

2. 与字节数组之间的转换

字符串转换为字节数组的形式有 3 种。

（1）形式一。

方法定义：

```
public byte[] getBytes()
```

方法描述：以默认编码把字符串转换为字节数组。

（2）形式二。

方法定义：

```
public byte[] getBytes(Charset charset)
```

方法描述：按照指定的字符集把字符串转换为字节数组。

（3）形式三。

方法定义：

```
public byte[] getBytes(String charsetName)
```

方法描述：按照指定的字符集把字符串转换为字节数组。

【例 9-3】统计字符串占用字节数，一个中文字符在 UTF-8 编码格式时占 3 个字节，在 GBK 编码格式时占 2 个字节，一个英文字符占用 1 个字节。

```
public class TestStringByte
{
        public static void main(String[] args) {
                String str="Java 语言程序设计";
                byte bytes[]=str.getBytes();
                System.out.println(bytes.length);
        }
}
```

运行结果如下。

```
17
```

程序分析：通过 getBytes()方法把字符串转换成字节数组，字节数组的长度就是字符串所占的字节数。

字符串与字节数组和字符数组之间互相转换的过程如图 9-5 所示。

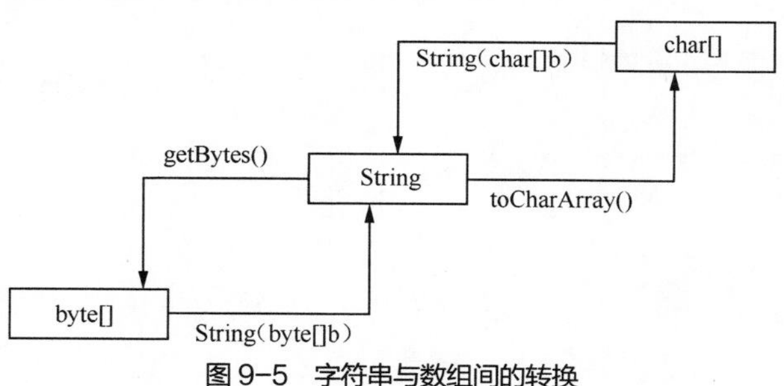

图 9-5　字符串与数组间的转换

9.3.5　String 中常用的方法

String 中常用的方法见表 9-5。

表 9-5　String 中常用的方法

方法	含义
byte[] getBytes(Charset charset)	使用给定的 Charset 将此 String 编码到 byte 序列，并将结果存储到新的 byte 数组
String[] split(String regex)	根据给定正则表达式的匹配拆分此字符串
String replace(char oldChar, char newChar)	返回一个新的字符串，它是通过用 newChar 替换此字符串中出现的所有 oldChar 得到的
String toUpperCase()	将 String 对象中的所有字符都转换为大写
String toLowerCase()	将 String 对象中的所有字符都转换为小写
char charAt(int)	返回指定索引处的 char 值
String substring(int begin)	返回一个新字符串，该字符串是从 begin 开始的字符串的内容
String substring(int begin,int end)	返回一个新字符串，该字符串是从 begin 开始到 end−1 结束的字符串的内容
int indexOf/lastIndexOf(char)	返回指定字符在此字符串中第一次/最后一次出现的位置的索引
int indexOf/lastIndexOf(char,int)	从指定的索引开始搜索，返回在此字符串中第一次/最后一次出现指定字符处的索引
int indexOf/lastIndexOf(String)	返回第一次/最后一次出现的指定字符串在此字符串中的索引

续表

方法	含义
int indexOf/lastIndexOf(String,int)	从指定的索引开始搜索，返回在此字符串中第一次/最后一次出现指定字符串处的索引
String trim()	返回新的字符串，忽略前导空白和尾部空白
int length()	返回此字符串的长度
String concat(String str)	将指定字符串连接到此字符串的结尾
byte[] getBytes()	使用平台的默认字符集将此 String 编码为 byte 序列，并将结果存储到一个新的 byte 数组中

下面对常用的一些方法进行详细说明，为了便于说明，方法中使用的示例字符串如下。

```
String str="this is a test!";
```

1. 求长度

方法定义：

```
public int length()
```

方法描述：获取字符串中字符的个数。
例如：

```
str.length()
```

运行结果如下。

```
15
```

2. 获取字符串中的字符

方法定义：

```
public char charAt(int index)
```

方法描述：获取字符串中第 index 个字符，从 0 开始。
例如：

```
str.charAt(3)
```

运行结果如下。

```
s
```

注意

str.charAt(3)返回的是字符串中的第 4 个字符。

【例 9-4】一个字符串中某个字符出现的次数。

```
public class TestString1 {
	public static void main(String[] args) {
		String s ="abecedkjkacedjkdseddklj";
		int num = 0;
		for(int i=0;i<s.length();i++){
			char c = s.charAt(i);
			if(c=='e'){
				num++;
			}
		}

		System.out.println("该字符串中字符 e 出现"+num+"次");
	}
}
```

运行结果如下。

```
该字符串中字符 e 出现 4 次
```

3. 获取子串

获取子串有两种形式。

（1）形式一。

方法定义：

```
public String substring(int beginIndex, int endIndex)
```

方法描述：获取从 beginIndex 开始到 endIndex 结束的子串，包括 beginIndex，不包括 endIndex。

例如：

```
str.substring(1,4)
```

运行结果如下。

```
his
```

（2）形式二。

方法定义：

```
public String substring(int beginIndex)
```

方法描述：获取从 beginIndex 开始到结束的子串。

例如：

```
str.substring(5)
```

运行结果如下。

```
is a test!
```

4. 定位字符或字符串

定位字符或字符串有 4 种形式。

（1）形式一。

方法定义：

```
public int indexOf(int ch)
```

方法描述：定位参数所指定的字符。

例如：

```
str.indexOf('i')
```

运行结果如下。

```
2
```

（2）形式二。

方法定义：

```
public int indexOf(int ch, int index)
```

方法描述：从 index 开始定位参数所指定的字符。

例如：

```
str.indexOf('i', 4)
```

运行结果如下。

```
5
```

（3）形式三。

方法定义：

```
public int indexOf(String str)
```

方法描述：定位参数所指定的字符串。

例如：

```
str.indexOf("is")
```

运行结果如下。

```
2
```

（4）形式四。
方法定义：

```
public int indexOf(String str, int index)
```

方法描述：从 index 开始定位 str 所指定的字符串。
例如：

```
str.indexOf("is", 6)
```

运行结果如下。

```
-1（表示没有找到）
```

5. 替换字符和字符串

替换字符和字符串有 3 种形式。
（1）形式一。
方法定义：

```
public String replace(char c1, char c2)
```

方法描述：把字符串中的字符 c1 替换成字符 c2。
例如：

```
str.replace('i', 'I')
```

运行结果如下。

```
thIs Is a test!
```

（2）形式二。
方法定义：

```
public String replaceAll(String s1, String s2)
```

方法描述：把字符串中出现的所有 s1 替换成 s2。
例如：

```
str.replaceAll("is", "IS")
```

运行结果如下。

```
thIS IS a test!
```

（3）形式三。
方法定义：

```
public String replaceFirst(String s1, String s2)
```

方法描述：把字符串中的第一个 s1 替换成 s2。

例如：

```
replaceFirst("is", "IS")
```

运行结果如下。

```
thIS is a test!
```

6. 比较字符串内容

比较字符串内容有两种形式。
（1）形式一。
方法定义：

```
public boolean equals(Object o)
```

方法描述：比较是否与参数相同，区分大小写。
例如：

```
str.equals("this")
```

运行结果如下。

```
false
```

（2）形式二。
方法定义：

```
public boolean equalsIgnoreCase(Object o)
```

方法描述：比较是否与参数相同，不区分大小写。
例如：

```
str.equalsIgnoreCase("this")
```

运行结果如下。

```
false
```

7. 转换大小写

（1）转换成大写。
方法定义：

```
public String toUpperCase()
```

方法描述：把字符串中的所有字符都转换成大写。
例如：

```
str.toUpperCase()
```

运行结果如下。

```
THIS IS A TEST!
```

（2）转换成小写。
方法定义：

```
public String toLowerCase()
```

方法描述：把字符串中的所有字符都转换成小写。
例如：

```
str.toLowerCase()
```

运行结果如下。

```
this is a test!
```

8. 判断前缀和后缀

判断前缀和后缀即判断字符串是否以指定的参数开始或者结尾。
（1）判断前缀。
方法定义：

```
public boolean startsWith(String prefix)
```

方法描述：字符串是否以参数指定的子串为前缀。
例如：

```
str.startsWith("this")
```

运行结果如下。

```
true
```

（2）判断后缀。
方法定义：

```
public boolean endsWith(String suffix)
```

方法描述：字符串是否以参数指定的子串为后缀。
例如：

```
str.endsWith("this")
```

运行结果如下。

```
false
```

9.3.6 StringBuffer 对象的创建

StringBuffer 也是字符串，与 String 不同的是，StringBuffer 对象创建完之后可以修改内容。我们可以使用 StringBuffer 来对字符串的内容进行动态操作，不会产生其他对象。StringBuffer 有如下构造方法。

（1）public StringBuffer(int)。

（2）public StringBuffer(String)。

（3）public StringBuffer()。

第一个构造方法是创建指定大小的字符串；第二个构造方法是以给定的字符串创建 StringBuffer 对象；第三个构造方法是默认的构造方法，生成一个空的字符串，其初始容量为 16 个字符。下面的代码分别生成了 3 个 StringBuffer 对象。

```
StringBuffer sb1 = new StringBuffer(50);
StringBuffer sb2 = new StringBuffer("字符串初始值");
StringBuffer sb3 = new StringBuffer();
```

StringBuffer 对象创建之后，大小会随着内容的变化而变化。

【例 9-5】使用 StringBuffer 的 append 方法改变字符串内容。

```
public class TestStr {
        public static void main(String args[]){
          //使用 StringBuffer
             StringBuffer sbf = new StringBuffer();
             for(int i=0;i<10;i++)
             {
                   sbf.append(i);//"0123...9"
              }
              System.out.println(sbf);
          //使用 String
              String str = new String();
              for(int i=0;i<10;i++)
              {
                   str = str + i;//"0123...9"
              }
              System.out.println(str);
        }
}
```

运行结果如下。

```
0123456789
0123456789
```

程序分析：使用 StringBuffer 创建完字符串后，可以使用 append 方法向字符串中追加内容，而 String 创建的字符串其内容不可以改变，改变的是字符串的引用。

9.3.7 StringBuffer 中常用的方法

StringBuffer 中常用的方法见表 9-6。

表 9-6 StringBuffer 中常用的方法

方法	含义
int capacity()	返回当前容量
int length()	返回长度（字符数）
StringBuffer reverse()	将此字符序列用其反转形式取代
void setCharAt(int,char)	将给定索引处的字符设置为 char
StringBuffer delete(int begin,int end)	移除此序列字符串中的字符
char charAt(int)	返回此序列中指定索引处的 char 值
String toString()	将 StringBuffer 对象转换成相应的 String
StringBuffer append(String str)	将指定的字符串追加到此字符序列
StringBuffer append(int num)	将 int 参数的字符串表示形式追加到此序列
StringBuffer append(Object o)	追加 Object 参数的字符串表示形式
StringBuffer insert(int index,String str)	将字符串插入此字符序列中
StringBuffer insert(int index,char ch)	将字符插入此字符序列中
StringBuffer insert(int index,Object o)	将 Object 参数的字符串表示形式插入此字符序列中

【例 9-6】使用 insert 方法实现把数字每 3 位用逗号隔开。

```
public class StrBuf {
        public StringBuffer insert(String s){
              StringBuffer sb = new StringBuffer(s);
             int loc = sb.length()-3;
              while(loc>0){
                    sb.insert(loc,',');
                    loc = loc-3;
              }
              return sb;
        }
        public static void main(String[] args) {
        StrBuf s = new StrBuf();
        System.out.println(s.insert("15429"));
        }
}
```

运行结果如下。

```
15,429
```

【例 9-7】StringBuffer 常用方法练习。

```
public class StringBuf1{
        public static void main(String args[]) {
```

```
			StringBuffer sb = new StringBuffer("abc");
			sb.append("def");
			System.out.println(sb);
			sb.insert(sb.length(), 'g');
			System.out.println(sb);
			sb.reverse();
			System.out.println(sb);
		}
}
```

运行结果如下。

```
abcdef
abcdefg
gfedcba
```

9.3.8 String 与基本数据类型之间的转换

不管采用什么方式，用户输入的数据都是以字符串的形式存在的，但是在处理的过程中可能需要把输入信息作为数字或者字符来使用，另外，无论信息以什么方式存储，最终都必须以字符串的形式展示给用户，所以需要各种数据类型与字符串类型之间的转换。示例如下。

```
//字符串与其基本数据类型之间的转换，以 int 为代表
//下面的代码把字符串转换成数字
String input = "111";
int i = Integer.parseInt(input);   //比较常用
int i2 = new Integer(input).intValue();
int i3 = Integer.valueOf(input);
int i4 = new Integer(input);
//下面的代码把数字转换成字符串
String out = new Integer(i).toString();
String out2 = String.valueOf(i);
```

其他对象向字符串转换可以使用每个对象的 toString()方法，所有对象都有 toString()方法，如果该方法不能满足要求，则可以重新实现该方法。

注意

在把字符串转换成数字的时候可能会产生异常，所以需要对异常进行处理。

9.3.9 StringBuilder 对象的创建

StringBuilder 类是一个可变的字符序列，在 JDK 5.0 后引入。StringBuilder 类被设计用作 StringBuffer 的一个简易替换。在字符串缓冲区被单个线程使用时，StringBuilder 与 StringBuffer 的用法基本相同，因为 StringBuilder 支持 StringBuffer 的所有操作，由于 StringBuilder 不执

行同步，所以速度更快，但是将 StringBuilder 的实例用于多个线程是不安全的。如果需要同步，建议使用 StringBuffer。

StringBuilder 对象的方法定义如下。

（1）构造一个不带任何字符的字符串生成器，其初始容量为 16 个字符。

```
StringBuilder 变量名 = new StringBuilder () ;
```

（2）构造一个不带任何字符的字符串生成器，其初始容量由 capacity 参数指定。

```
StringBuilder 变量名 = new StringBuilder (int capacity ) ;
```

（3）构造一个字符串生成器，并初始化为指定的字符串内容。

```
StringBuilder 变量名 = new StringBuilder(String str) ;
```

9.3.10 StringBuilder 中常用的方法

StringBuilder 中常用的方法见表 9-7。

表 9-7　　StringBuilder 中常用的方法

方法	含义
int capacity()	返回当前容量
int length()	返回长度（字符数）
StringBuilder reverse()	将此字符序列用其反转形式取代
void setCharAt(int index,char ch)	将给定索引处的字符设置为 ch
StringBuilder delete(int begin,int end)	移除此序列字符串中的字符
char charAt(int index)	返回此序列中指定索引处的 char 值
String toString()	将 StringBuilder 对象转换成相应的 String
StringBuilder append(String str)	将指定的字符串追加到此字符序列
StringBuilder append(int num)	将 int 参数的字符串表示形式追加到此序列
StringBuilder append(Object o)	追加 Object 参数的字符串表示形式
StringBuilder insert(int index,String str)	将字符串插入此字符序列中
StringBuilder insert(int index,char ch)	将字符插入此字符序列中
StringBuilder insert(int index,Object o)	将 Object 参数的字符串表示形式插入此字符序列中

【例 9-8】 StringBuilder 类中的方法使用。

```
public class TestStringBuilder {
        public static void main(String args[]) {
                StringBuilder sb = new StringBuilder("abc");
                sb.append("def");
                System.out.println(sb);
                sb.insert(sb.length(), 'g');
                System.out.println(sb);
```

```
			sb.reverse();
			System.out.println(sb);
		}

}
```

运行结果如下。

```
abcdef
abcdefg
gfedcba
```

9.3.11 StringBuffer 类与 StringBuilder 类的比较

StringBuffer/StringBuilder 类是可以替代 String 类的另一种字符串处理方式。一般来说，只要是使用字符串的地方，都可以使用 StringBuffer/StringBuilder 类。StringBuffer/StringBuilder 类比 String 类更灵活，可以给一个 StringBuffer/StringBuilder 类添加、插入或追加新的内容，但是 String 对象一旦创建，它的值就确定了。

除了StringBuilder类中修改缓冲区的方法是同步的之外，在其他方面StringBuilder和StringBuffer类是相似的。如果是多任务并发访问，就使用 StringBuffer；如果是单任务访问，使用 StringBuilder 更有效。StringBuffer 和 StringBuilder 中的构造方法和其他方法几乎是完全一样的。两者的区别在于，StringBuffer 类是线程安全的；StringBuilder 类是线程不安全的。StringBuffer 类是在 JDK 1.0 版本出现的，而 StringBuilder 类是在 JDK 5.0 后才出现的；StringBuilder 类的一些方法实现要比 StringBuffer 类快。另外，在 StringBuffer 类中，所有修改字符串类的方法都有 synchronized 关键字修饰，而 StringBuilder 类中没有。例如，StringBuffer 类中的 replace 方法的源码如下。

```
public synchronized StringBuffer replace(int start,int end,String str){
		super.replace(start,end,str);
		return this;
}
```

Synchronized 关键字与 Java 线程有关，被它修饰的方法同一时间只能由一个线程执行。

9.4 Math 类

java.lang.Math 类中定义了一些用于基础数值计算的方法。java.lang.Random 是专门用来生成随机数据的类，java.lang.Math 包中的类专门用来进行大数据的精确计算。Math 类封装了一些基本运算方法，还封装了进行三角运算的正弦、余弦、正切、余切的方法。表 9-8 列出了 Math 类的常用方法。

表 9-8　　Math 类的常用方法

方法	含义
static int abs(int)	返回参数的绝对值，返回值类型与参数类型相同
static double abs(double)	返回参数的绝对值
static double ceil(double)	返回大于所给参数的最小整数值

续表

方法	含义
static double floor(double)	返回小于或等于所给参数的最大整数值
static int max(int a,int b)	返回两个 int 值中较大的一个
static double max(double,double)	返回两个 double 值中较大的一个
static int min(int a,int b)	返回两个 int 值中较小的一个
static double min(double,double)	返回两个 double 值中较小的一个
static double random()	返回在 0.0 ~ 1.0 的随机 double 值
static int round(double)	返回同所给值最接近的整数，采用四舍五入法
static double sin/cos/tan(double)	返回给定的弧度值对应的三角函数值
static double sqrt(double)	返回所给值的平方根，若所给值为负数，则返回 Null

【例 9-9】Math 类常用方法练习。

```
public class Math_exercise {
    public static void main(String args[]) {
        double r;
        for (int i = 0; i < 5; i++) {
            r = Math.random(); //0<=r<1.0
            double rNum1 = r * 100; //0<rNum1<100
            int rNum2 = (int) Math.random();
            int rNum3 = (int) Math.round(rNum1);
            int rNum4 = (int) Math.ceil(rNum1);
            int rNum5 = (int) Math.floor(rNum1);
            System.out.print(r + " " + rNum1 + " " + rNum2 + " " + rNum3 + " "
            + rNum4+" " + rNum5);
            System.out.println();
        }
    }
}
```

第一次运行结果如下。

```
0.6642499983373888   66.42499983373888  0  66  67  66
0.9870145351060209   98.7014535106021  0  99  99  98
0.28614933346586224   28.614933346586223  0  29  29  28
0.17991787402956305   17.991787402956305  0  18  18  17
0.23412806118459528   23.412806118459528  0  23  24  23
```

第二次运行结果如下。

```
0.45779615288203357   45.77961528820336  0  46  46  45
0.9310426390661696   93.10426390661696  0  93  94  93
0.6431887105964277   64.31887105964277  0  64  65  64
0.7521406671888182   75.21406671888182  0  75  76  75
0.7470936090754167   74.70936090754167  0  75  75  74
```

程序分析：Math.random()随机产生一个 0～1 的数，因此，每次运行程序生成的随机数都是不一样的。另一种产生随机数的方法是使用 java.util.Random 类，它可以产生一个 int、long、double、float 或 boolean 型值。java.util.Random 类下有以下几种方法可以产生随机数。

- Random()：以当前时间为种子构造 Random 对象。
- Random (seed:long)：以特定种子构造 Random 对象。
- nextInt():int：返回一个随机整数。
- nextInt(n:int):int：返回一个 0～n（不包括 0 和 n）的随机 int 型值。
- nextLong():long：返回一个随机 long 型值。
- nextDoube:double：返回一个 0.0～1.0（不包括 0.0 和 1.0）的随机 double 型值。
- nextFloat():float：返回一个 0.0f～1.0f（不包括 0.0f 和 1.0f）的随机 float 型值。
- nextBoolean():boolean：返回一个随机 boolean 型值。

当创建一个 Random 对象时，必须指定一个种子或者使用默认的种子。无参数构造方法使用当前已逝去的时间作为种子创建一个 Random 对象，如果两个 Random 对象有相同的种子，那么它们将产生相同的数列。

```
Random random1=new Random(5);
System.out.println("For Random1:");
for(int i=0;i<10;i++)
System.out.print(random1.nextInt(1000)+" ");
Random random2=new Random(5);
System.out.println("\nFor Random2:");
for(int i=0;i<10;i++)
System.out.print(random2.nextInt(1000)+" ");
```

这些代码产生相同 int 类型的随机数列。

```
For Random1:
487 92 474 424 506 605 854 691 722 321
For Random2:
487 92 474 424 506 605 854 691 722 321
```

注意

产生相同随机序列的能力在软件测试以及其他许多应用中是很有用的，可以在使用不同随机序列之前，使用固定的随机序列测试程序是否正确。

9.5 日期类

Java 语言提供了以下 3 个类来处理日期。

（1）java.util.Date：包装了一个 long 类型数据，表示距离 GMT（格林尼治标准时间）1970 年 1 月 1 日 00:00:00 这一刻的毫秒数。

（2）java.text.Format：对日期进行格式化。

（3）java.util.Calendar：可以灵活地设置或读取日期中的年、月、日、时、分和秒等信息。

9.5.1 Date 类

Date 类即 java.util.Date，表示指定的时间信息，可以精确到毫秒。

```
Date date=new Date();//创建一个代表当前日期和时间的 Date 对象
System.out.println(date.getTime());//getTime()方法返回对象包含的毫秒数
System.out.println(date);
```

以上程序段的输出结果如下。

```
The elapsed time since Jan 1,1970 is 1438931566751 millseconds
Fri Aug 07 15:12:46 CST 2015
```

Date 类的默认构造方法调用 System.currentTimeMillis()方法获取当前时间，new Date()语句等价于 new Date(System.currentTimeMillis())。getTime()方法返回 GMT 时间——由 1970 年 1 月 1 日算起至今流逝的时间。toString()方法返回日期和时间的字符串。

Date 类还有另外一种构造方法——Date(elapseTime:long)，它可以创建一个 Date 对象。该对象有一个从 GMT 1970 年 1 月 1 日算起至今逝去的以毫秒为单位的给定时间。

9.5.2 Date 类的常用方法

表 9-9 列出了 Date 类的常用方法。

表 9-9　　Date 类的常用方法

方法	含义
boolean after(Date when)	测试此日期是否在指定日期之后
boolean before(Date when)	测试此日期是否在指定日期之前
int compareTo(Date anotherDate)	比较两个日期的顺序：如果 Date 参数等于 anotherDate，则返回值 0；如果此 Date 在 anotherDate 参数之前，则返回小于 0 的值；如果此 Date 在 anotherDate 参数之后，则返回大于 0 的值
boolean equals(Object obj)	比较两个日期是否相同

Date 类不支持国际化。现在我们更多使用 Calendar 类来实现日期和时间字段之间的转换，使用 DateFormat 类来格式化和分析日期字符串，Date 中的相应方法已废弃。

【例 9-10】 Date 类常用方法练习。

```
public class TestDate {
        public static void main(String[] args) {
                //获取当前系统时间
                Date now = new Date();
                System.out.println(now);

                //比较日期
                Date d1 = new Date(1000);
                //System.out.println(d1);
```

```
            System.out.println(now.after(d1));
            System.out.println(now.before(d1));
            System.out.println(now.compareTo(d1));
        }
}
```

运行结果如下。

```
Mon Mar 09 18:09:53 CST 2020
true
false
1
```

9.5.3 Calendar 类

从 JDK 1.1 版本开始，在处理日期和时间时，系统推荐使用 Calendar 类。在设计上，Calendar 类的功能要比 Date 类强大很多，而且在实现方式上也比 Date 类要复杂一些，下面介绍 Calendar 类的使用。

java.util.Calendar 是一个抽象的基类，可以提取详细的日历信息，例如，年、月、日、时、分和秒，Calendar 的子类可以实现特定的日历系统。在实际使用时实现特定的子类的对象，创建对象的过程对程序员来说是透明的，只需要使用 getInstance 方法创建即可。

1. 使用 Calendar 类代表当前时间

```
Calendar c = Calendar.getInstance();
```

由于 Calendar 类是抽象类，且 Calendar 类的构造方法是 protected，因此，无法使用 Calendar 类的构造方法来创建对象，API 中提供了 getInstance 方法来创建对象。使用该方法获得的 Calendar 对象就代表当前的系统时间，由于 Calendar 类 toString 方法没有 Date 类那么直观，因此直接输出 Calendar 类的对象意义不大。

2. 使用 Calendar 类代表指定的时间

```
Calendar c1 = Calendar.getInstance();
c1.set(2009, 3 - 1, 9);
```

使用 Calendar 类代表特定的时间，需要首先创建一个 Calendar 类的对象，然后再设定该对象中的年、月、日参数。

set 方法的声明为：

```
public final void set(int year,int month,int date)
```

以上代码设置的时间为 2009 年 2 月 9 日，其参数的结构和 Date 类不一样。Calendar 类中年份的值直接书写，月份的值为实际的月份值减 1，日期的值就是实际的日期值。

如果只设定某个字段，例如，日期的值，则可以使用如下 set 方法。

```
public void set(int field,int value)
```

在该方法中，参数 field 代表要设置的字段的类型，常见类型如下。

- Calendar.YEAR——年份。
- Calendar.MONTH——月份。
- Calendar.DATE——日期。
- Calendar.DAY_OF_MONTH——日期，和上面的字段完全相同。
- Calendar.HOUR——12 小时制的小时数。
- Calendar.HOUR_OF_DAY——24 小时制的小时数。
- Calendar.MINUTE——分钟。
- Calendar.SECOND——秒。
- Calendar.DAY_OF_WEEK——星期几。

后续的参数 value 代表设置成的值。

```
c1.set(Calendar.DATE,10);
```

该代码的作用是将 c1 对象代表的时间设置为 10 日，其他所有的数值会被重新计算，例如，星期几以及对应的相对时间数值等。

3. 获得 Calendar 类中的信息

```
Calendar c2 = Calendar.getInstance(); //获取日历类的实例
int year = c2.get(Calendar.YEAR); //年份
int month = c2.get(Calendar.MONTH) + 1; //月份
int date = c2.get(Calendar.DATE); //日期
int hour = c2.get(Calendar.HOUR_OF_DAY); //小时
int minute = c2.get(Calendar.MINUTE); //分钟
int second = c2.get(Calendar.SECOND); //秒
int day = c2.get(Calendar.DAY_OF_WEEK); //星期几
System.out.println("年份：" + year);
System.out.println("月份：" + month);
System.out.println("日期：" + date);
System.out.println("小时：" + hour);
System.out.println("分钟：" + minute);
System.out.println("秒：" + second);
System.out.println("星期：" + week);
```

使用 Calendar 类中的 get 方法可以获得 Calendar 对象中对应的信息，get 方法的声明如下。

```
public int get(int field)
```

参数 field 代表需要获得的字段的值，字段说明和上面的 set 方法保持一致。需要说明的是，获得的月份为实际的月份值减 1，获得的星期的值和 Date 类中的不一样，在 Calendar 类中，周日是 1，周一是 2，周二是 3，以此类推。

【例 9-11】Calendar 类使用练习。

```
public class TestCalendar {
        public static void main(String[] args) {
            //获取 Calendar 类的实例
            Calendar c = Calendar.getInstance();
            //System.out.println(c);
             System.out.println(c.get(Calendar.YEAR)+"年"+
                                    (c.get(Calendar.MONTH)+1)+"月"+
                                    c.get(Calendar.DAY_OF_MONTH)+"日");
             //设置指定时间
             c.set(2011,10,11);
             System.out.println(c.get(Calendar.YEAR)+"年"+
                         (c.get(Calendar.MONTH)+1)+"月"+
                         c.get(Calendar.DAY_OF_MONTH)+"日");
              Calendar c1 = Calendar.getInstance();
              Calendar c3 = Calendar.getInstance();
         c3.add(Calendar.DATE, 100);
        int year1 = c3.get(Calendar.YEAR);
         //月份
         int month1 = c3.get(Calendar.MONTH) + 1;
           //日期
         int date1 = c3.get(Calendar.DATE);
         System.out.println(year1 + "年" + month1 + "月" + date1 + "日");
        }
}
```

运行结果如下。

```
2020 年 3 月 9 日
2011 年 11 月 11 日
2020 年 6 月 17 日
```

【例 9-12】计算两个日期之间相差的天数。

```
import java.util.*;
public class DateExample1 {
      public static void main(String[] args) {
            //设置两个日期
            //日期：2009 年 3 月 11 日
            Calendar c1 = Calendar.getInstance();
            c1.set(2009, 3 - 1, 11);
            //日期：2010 年 4 月 1 日
            Calendar c2 = Calendar.getInstance();
            c2.set(2010, 4 - 1, 1);
            //转换为相对时间
```

```
            long t1 = c1.getTimeInMillis();
            long t2 = c2.getTimeInMillis();
            //计算天数
            long days = (t2 - t1)/(24 * 60 * 60 * 1000);
            System.out.println(days);
        }
}
```

运行结果如下。

```
386
```

程序分析：本例使用时间和日期处理方法进行计算。该程序实现的原理为：首先使用 Calendar 类的对象代表两个特定的时间点，然后将两个时间点转换为对应的相对时间，求两个时间点相对时间的差值，最后除以 1 天的毫秒数（24×60×60×1000）即可获得对应的天数。

9.5.4 SimpleDateFormat 类的使用

java.text.SimpleDateFormat 是一个以与语言环境相关的方式来格式化和分析日期的具体类，它是抽象类 java.text.DateFormat 类的子类。SimpleDateFormat 可以选择任何用户定义的日期-时间格式的模式。获取 SimpleDateFormat 的实例如下。

```
SimpleDateFormat sdf=new SimpleDateFormat("yyyy-MM-dd HH:mm:ss");
```

上面的代码确立了转换的格式，yyyy 是完整的公元年，MM 是月份，dd 是日期，HH:mm:ss 分别是时、分和秒。格式有大小写之分是为了避免混淆，例如，MM 是月份，mm 是分；HH 是 24 小时制，而 hh 是 12 小时制。表 9-10 列出了 SimpleDateFormat 类中的模式字母。

表 9-10　SimpleDateFormat 类中的模式字母

字母	日期或时间元素
y	年
M	年中的月份
d	月份中的天数
E	星期中的天数
a	am/pm 标记
H	一天中的小时数（0 ~ 23）
h	am/pm 中的小时数（1 ~ 12）
m	小时中的分钟数
s	分钟中的秒数
S	毫秒数

【例 9-13】 SimpleDateFormat 的使用。

```
public class TestDateFormat {
    public static void main(String[] args) {
            //获取指定日期格式的 SimpleDateFormat 实例 1999 年 09 月 09 日 12:12:12
            SimpleDateFormat sdf = new SimpleDateFormat("yyyy-MM-dd HH:mm:ss");
```

```
            //获取指定日期的格式化字符串
            String nowStr = sdf.format(new Date());
            System.out.println(nowStr);
            //将格式化的字符串转换成日期
            try {
              Date d = sdf.parse("2011-11-11 11:11:11");
              System.out.println(d);
            } catch (ParseException e) {
              System.out.println("输入的字符串不符合日期的格式");
              e.printStackTrace();
            }
    }
}
```

运行结果如下。

```
2020-03-09 18:07:19
Fri Nov 11 11:11:11 CST 2011
```

9.6 DecimalFormat 和 NumberFormat

在很多时候需要对输出的内容进行格式化，尤其是当输入的内容为数字的时候，需要按照特定的格式进行输出。另外，对运行的结果可能需要进行特殊的处理，例如，结果只保留小数点后两位。对数字进行格式化需要使用下面的两个类。

```
java.text. DecimalFormat
java.text. NumberFormat
```

DecimalFormat 是 NumberFormat 的一个具体子类，通常使用 DecimalFormat 的构造方法来生成格式，例如：

```
NumberFormat nf=new DecimalFormat("0.00");
```

"0.00"表示数字的格式为小数点后保留两位，如果整数部分为 0，则 0 不能被省略，如果小数点后是 0，也不能省略。下面是 3 个转换的例子。

```
10.374⟶10.37
10.301⟶10.30
0.301⟶0.30
```

在格式中还有一个“#”，表示一个数字，如果是 0，则不显示“#”。下面的例子使用了“#”，并且整数部分每 3 位中间用“,”号隔开。

```
NumberFormat nf2=new DecimalFormat("###.###.###.##");
```

【例 9-14】DecimalFormat 类的使用。

```
import java.text.DecimalFormat;
import java.util.Random;
import java.util.Locale;
public class TestNumberFormat {
    public static void main(String[] args) {
        double pi = 3.1415927;// 圆周率
        // 取一位整数
        System.out.println(new DecimalFormat("0").format(pi)); // 3
        // 取一位整数和两位小数
        System.out.println(new DecimalFormat("0.00").format(pi)); // 3.14
        // 取两位整数和三位小数，整数不足部分以 0 填补
        System.out.println(new DecimalFormat("00.000").format(pi)); // 03.142
        // 取所有整数部分
        System.out.println(new DecimalFormat("#").format(pi)); // 3
        // 以百分比方式计数，并取两位小数
        System.out.println(new DecimalFormat("#.##%").format(pi)); // 314.16%

    }
}
```

运行结果如下。

```
3
3.14
03.142
3
314.16%
```

9.7 本章习题

1. 编写一个方法，为物品生成一个指定长度的编号，要求编号的每一位为 0～9 的数字，或者为 A～Z 的大写字母，每次产生的编号是随机的。

2. 编写一个方法，验证用户输入的日期格式是否正确，要求格式为：2006/12/12。方法的参数是要验证的日期字符串，如果格式正确，则返回 true，否则返回 false。

3. 编程实现：由键盘输入任意一组字符，统计其中大写字母的个数 m 和小写字母的个数 n，并输出 m、n 中的较大者。

4. 编程实现：输入一行字符，将其中的字母变成其后续的第 3 个字母并输出，例如：a→d，x→a，y→b。

第 10 章 学生信息管理系统

10

▶ 内容导学

本章完成一个学生信息管理系统项目的开发。通过本项目的开发，学生将了解一个软件项目是如何从最初的文字描述转化到最终的 Java 代码的。本项目将会运用面向对象思想完成项目的分析与设计，再综合运用前面章节所学的 Java 语言基础知识进行项目开发，最终完成对学生信息的基本“增、删、改、查”操作。

▶ 学习目标

① 理解面向对象编程思想。
② 掌握面向对象系统分析方法。
③ 掌握面向对象系统设计方法。
④ 能够综合运用 Java 语言基础知识设计并实现一个软件项目。

10.1 项目分析

软件开发项目中，需求分析是出发点，为设计起到指导性作用，所以需求分析在软件行业及开发流程中起着非常重要的作用。需求分析就是对需要解决的问题进行详细分析，了解需要解决的问题。开发人员需要了解用户的需求，然后将需求体现在软件中。软件开发过程中开发人员需要了解自己应该做什么，用户需要告诉开发人员自己需要什么，需求分析就是连接开发人员和用户的重要纽带。只有真正理解用户需求，才能设计出用户需要的软件。

在项目开发之前，首先应通过研讨、调查问卷和收集现有资料等方式了解用户对系统的实际需求。本章讨论的学生信息管理系统的需求分析描述如下。

学生信息管理系统是针对学生基本信息进行管理的一个项目，该系统具备学生信息的输入、查询、修改、删除和排序等功能，使用这个系统，可实现学生信息管理工作系统化，为教师的日常管理和学生的学习提供便利。

根据分析得到学生信息管理系统的基本功能，见表 10-1。

表 10-1 功能列表

序号	功能列表
1	登录
2	注册
3	学生信息输入
4	学生信息查询
5	学生信息修改
6	学生信息删除
7	学生信息排序

10.2 项目设计

我们在对象建模中面临的第一个问题是，确定需要什么类的对象作为系统的组成部分。不幸的是，识别类的过程相当不确定，它在很大程度上依赖于直觉和经验。一般情况下，一种可靠并相对正确的做法是使用“搜寻和收集”的方法：从项目文档中搜寻和收集所有名词，然后用排除法把这个列表削减成恰当的类集合。

10.2.1 UML 类图

UML 类图是一种结构图，用于描述一个系统的静态结构。类图以反映类结构和类之间的关系为目的，用以描述软件系统的结构，是一种静态建模方法。类图中的类与面向对象语言中的类的概念是对应的。

1. 类结构

在 UML 类图中，使用长方形描述一个类的主要构成，长方形分为 3 层，以放置类的名称、属性和方法。

一般类的类名用正常字体粗体表示，如图 10-1 所示，抽象类名用斜体字粗体表示；接口则需在上方加上<<interface>>。属性和方法都需要标注可见性符号，“+”代表 public，“#”代表 protected，“-”代表 private。另外，还可以用冒号（:）表明属性的类型和方法的返回类型，如+$name:string、+getName():string。当然，类型说明并非必需。

2. 类关系

类与类之间的关系主要有 6 种：继承、实现、组合、聚合、关联和依赖，这 6 种关系的箭头表示如图 10-2 所示。

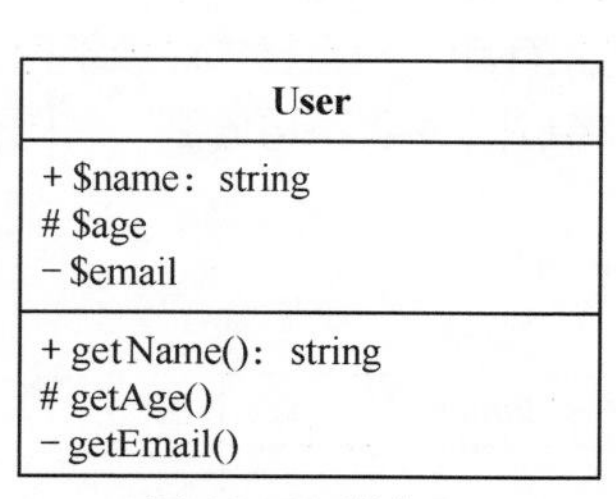

图 10-1　类表示

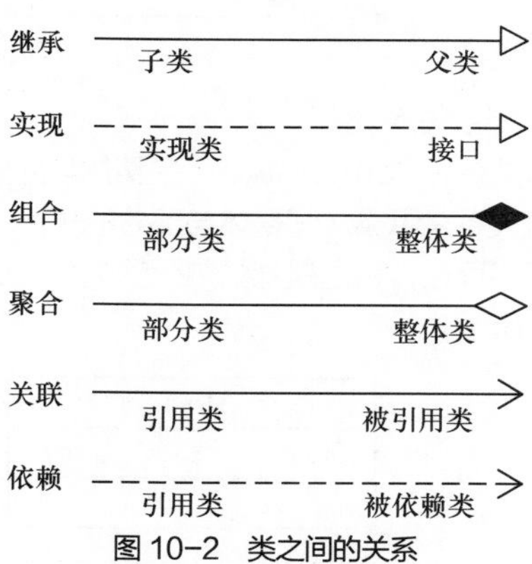

图 10-2　类之间的关系

6 种类关系中，组合、聚合、关联这 3 种类关系的代码结构一样，要通过内容间的关系来区别。

（1）继承关系。

继承关系也称泛化关系（Generalization），用于描述父类与子类之间的关系。父类又称为基类，子类又称为派生类。继承关系中，子类继承父类的所有功能，父类所具有的属性、方法，子类应该都具有。子类中除了具有与父类一致的信息以外，还包括额外的信息。例如，公交车、出租车和小轿车都是汽车，它们都有名称，并且都能在路上行驶，如图 10-3 所示。

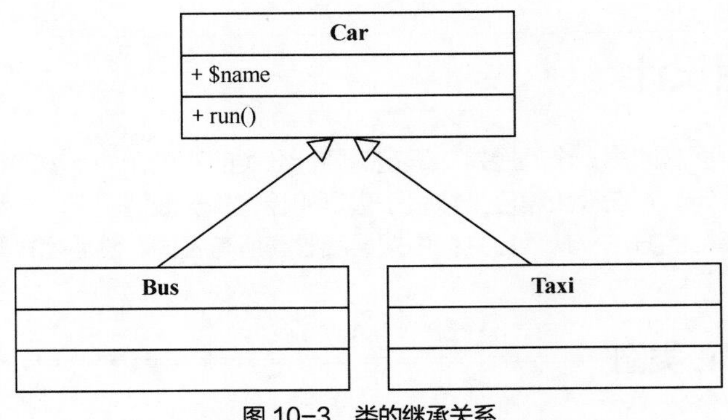

图 10-3 类的继承关系

（2）实现关系。

实现关系（Implementation）主要用来规定接口和实现类的关系。接口（包括抽象类）是方法的集合，在实现关系中，类实现了接口，类中的方法实现了接口声明的所有方法。例如，汽车和轮船都是交通工具，而交通工具只是一个可移动工具的抽象概念，船和车实现了移动的具体功能，如图 10-4 所示。

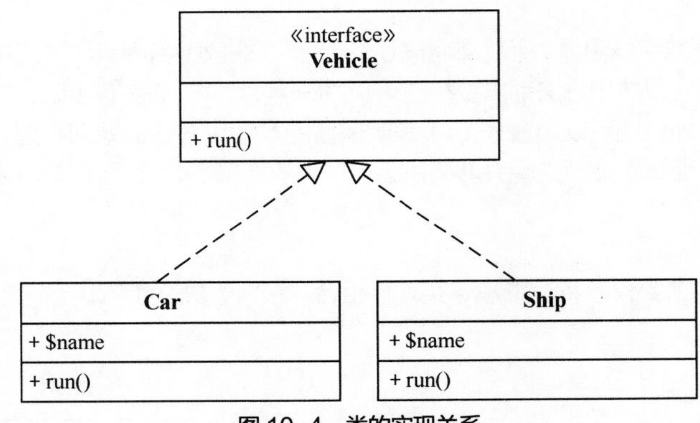

图 10-4 类的实现关系

（3）组合关系。

组合关系（Composition）是整体与部分的关系，但是整体与部分不可以分开。

组合关系表示类之间整体与部分的关系，整体和部分有一致的生存期。一旦整体对象不存在，部分对象也将不存在，它们是同生共死的关系。例如，人由头部和身体组成，两者不可分割，共同存在，如图 10-5 所示。

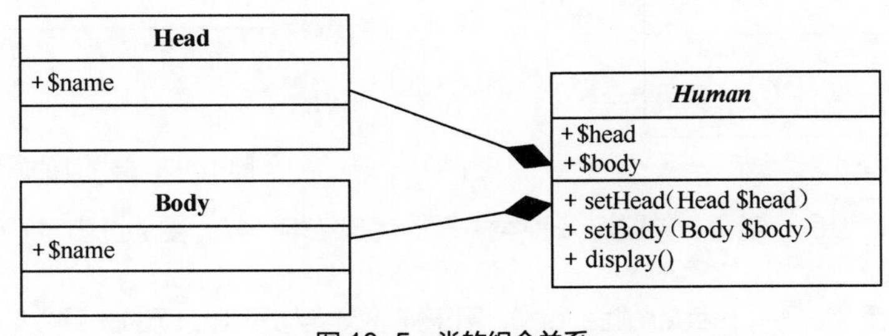

图 10-5 类的组合关系

（4）聚合关系。

聚合关系（Aggregation）也是整体和部分的关系，但整体与部分可以分开，成员对象是整体对象的一部分，但是成员对象可以脱离整体对象独立存在。例如，公交车司机和工衣、工帽是整体与部分的关系，但是可以分开，如图 10-6 所示。

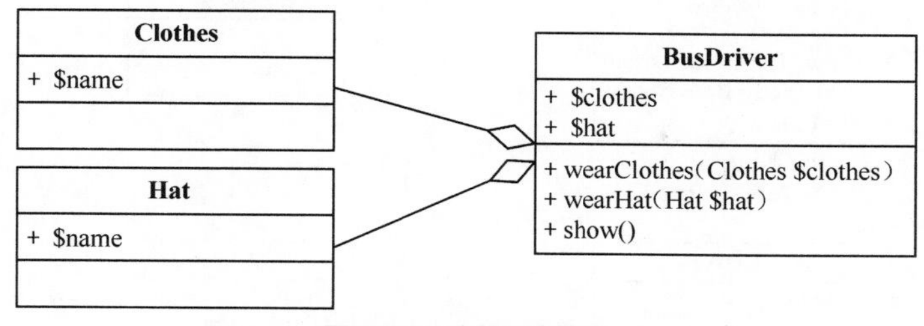

图 10-6　类的聚合关系

（5）关联关系。

关联关系（Association）表示一个类的属性保存了对另一个类的一个实例（或多个实例）的引用。关联关系是类与类之间最常用的一种关系，表示一类对象与另一类对象之间有联系。组合、聚合也属于关联关系，只是关联关系的类间关系比其他两种要弱。关联关系有 4 种：双向关联、单向关联、自关联、多重性关联。例如，汽车和司机，如图 10-7 所示。

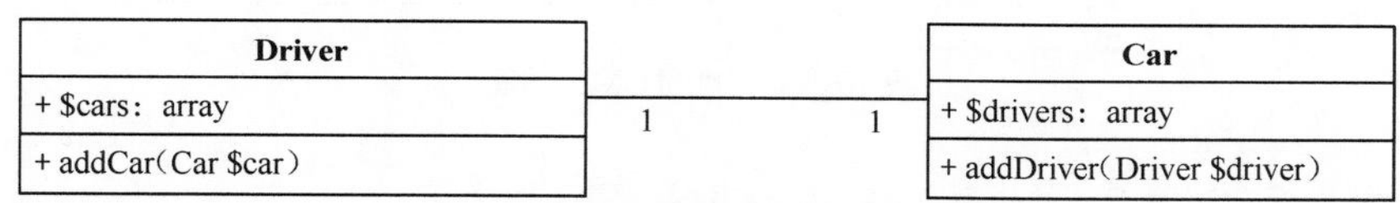

图 10-7　类的关联关系

在 UML 类图中，双向的关联可以有两个箭头或者没有箭头，单向的关联或自关联有一个箭头。在多重性关联中，可以直接在关联直线上增加一个数字，表示与之对应的另一个类的对象的个数。

① 1..1：仅一个。

② 0..*：0 个或多个。

③ 1..*：一个或多个。

④ 0..1：没有或只有一个。

⑤ m..n：最少 m、最多 n 个（m<=n）。

（6）依赖关系。

依赖关系（Dependence）。假设 A 类的变化引起了 B 类的变化，则说明 B 类依赖于 A 类。在大多数情况下，依赖关系体现在某个类的方法使用另一个类的对象作为参数。依赖关系是一种“使用”关系，特定事物的改变有可能会影响使用该事物的其他事物，在需要表示一个事物使用另一个事物时使用依赖关系。例如，汽车依赖汽油，如果没有汽油，汽车将无法行驶，如图 10-8 所示。

图 10-8　类的依赖关系

在这 6 种类关系中，组合、聚合和关联关系的代码结构一样。我们可以从关系的强弱来理解，各类关系从强到弱的顺序依次是：继承→实现→组合→聚合→关联→依赖。图 10-9 所示是一张完整的 UML 类图。

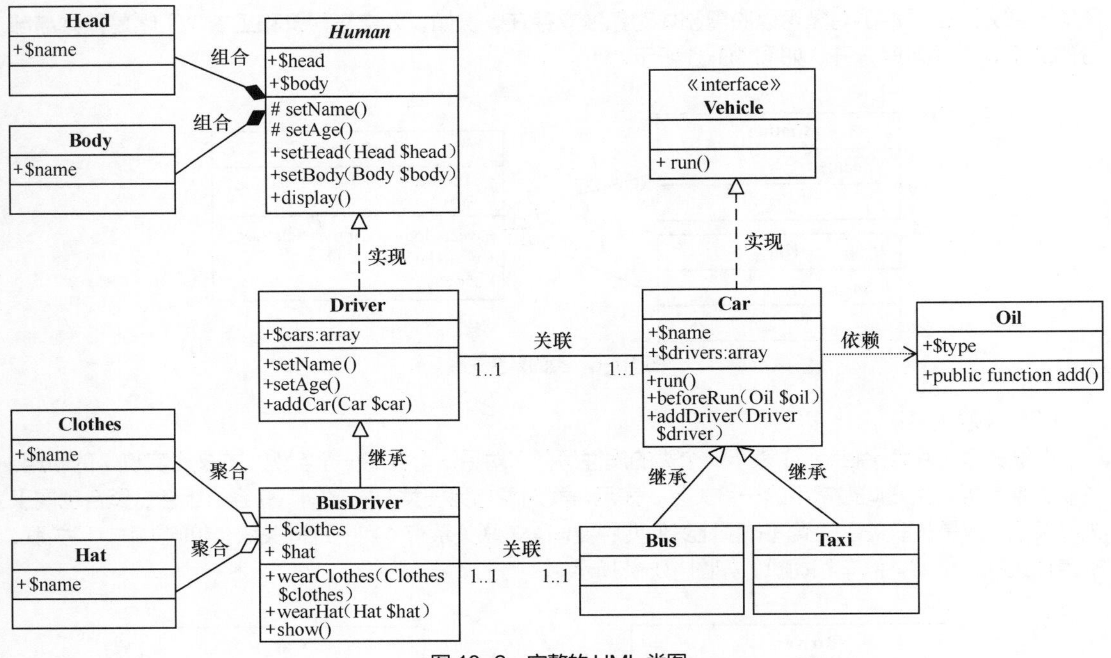

图 10-9　完整的 UML 类图

UML 类图是面向对象设计的辅助工具，但并非是必需工具。

10.2.2　系统类图

使用 10.2.1 节介绍的 UML 类图对系统进行建模。本系统涉及的对象比较简单，有学生信息、对学生信息进行操作的用户（可以对学生信息进行管理）。根据分析得到系统的类图，如图 10-10 所示。

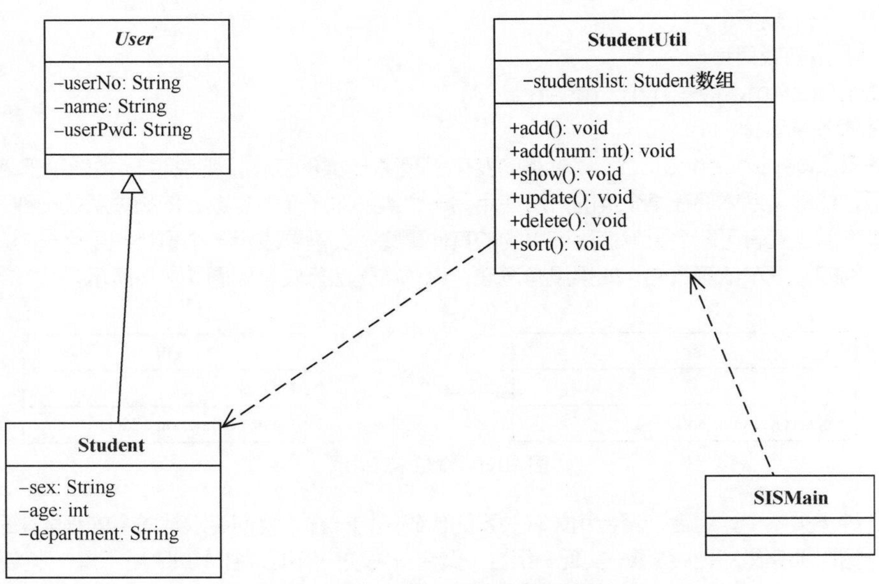

图 10-10　学生信息管理系统类图

为了便于日后对系统进行扩展，对系统的用户对象进行抽象，用 User 类来描述，它是一个抽象类。Student 类扩展自 User 类，StudentUtil 中操作的对象是 Student 构造的数组，SISMain 是系统的主类，它控制系统的执行流程。

10.3 项目实现

10.3.1 将模型转换为 Java 代码

基于本章介绍的内容，我们可以将模型转换为一个命令行驱动的 SGS 应用程序。那么根据之前分析的类图，本章编码实现以下模型类：User 类；Student 类；StudentUtil 类。

1. User 类

设计系统中的 User 类，考虑到以后扩展程序方便，确定 User 类包含以下属性，见表 10-2。

表 10-2　User 类的属性

属性名	类型	备注
userNo	String	用户 ID 号
name	String	用户姓名
userPwd	String	用户密码

User 类在类图中用斜体表示，它是一个抽象类，其实现代码如下。

```
public abstract class User {
        private String userNo;//用户 ID 号
        private String name;//用户姓名
        private String userPwd;//用户密码

        public User(){

        }
        public User(String userNo,String name,String userPwd){
                this(userNo,name);
                this.userPwd = userPwd;

        }

        public User(String userNo,String name){
                this.userNo = userNo;
                this.name = name;
        }
        public String getUserNo() {
                return userNo;
```

```
        }
        public void setUserNo(String userNo) {
            this.userNo = userNo;
        }
        public String getUserPwd() {
            return userPwd;
        }
        public void setUserPwd(String userPwd) {
            this.userPwd = userPwd;
        }

        public String getName() {
            return name;
        }
        public void setName(String name) {
            this.name = name;
        }


}
```

2. Student 类

设计系统中的 Student 类，该类继承自 User 类。Student 类包含以下属性，见表 10-3。

表 10-3　Student 类的属性

属性名	类型	备注
sex	String	性别
age	int	年龄
department	String	所在系

在 Java 语言中通过 extends 来指明 Student 类是 User 类的子类，具体实现代码如下。

```
public class Student extends User implements Comparable<Student>{
        private String sex;
        private int age;
        private String department;
        public Student(String studentNo,String name,String sex,int age,String department){
            super(studentNo,name);
            this.sex = sex;
            this.age = age;
            this.department = department;
        }
```

```
public Student(String studentNo,String name){
        this(studentNo,name,"男",19,"计算机系");
}
public Student(){

}
/**
 * @return the sex
 */
public String getSex() {
        return sex;
}
/**
 * @param sex the sex to set
 */
public void setSex(String sex) {
        this.sex = sex;
}
/**
 * @return the age
 */
public int getAge() {
        return age;
}
/**
 * @param age the age to set
 */
public void setAge(int age) {
        this.age = age;
}
/**
 * @return the department
 */
public String getDepartment() {
        return department;
}
/**
 * @param department the department to set
 */
public void setDepartment(String department) {
        this.department = department;
```

```
        }
        @Override
        public int compareTo(Student s) {
                return this.age - s.age;
        }

}
```

3. StudentUtil 类

设计系统中的 StudentUtil 类，该类主要实现系统中的功能，包含以下方法，见表 10-4。

表 10-4 StudentUtil 类的方法

方法	备注
public void add()	添加学生信息
public void update()	修改学生信息
public void delete()	删除学生信息
public void sort()	按照年龄对学生信息进行排序
public void show()	查看学生信息

具体实现代码如下。

```
import java.util.Collections;
import java.util.List;
import java.util.Scanner;

public class StudentUtil {
        List<Student> studentslist;

        Scanner scanner = new Scanner(System.in);

        public StudentUtil(List<Student> studentslist) {
            this.studentslist = studentslist;
        }

        public void add() {// 添加学生信息
            while (true) {
                System.out.println("点击任意数字键继续添加学生信息，停止添加输入 0");
                if (scanner.nextInt() == 0)
                        break;
                else {
```

```
                    Student s = new Student();
                    System.out.println("请输入该学生的学号");
                    s.setUserNo(scanner.next());
                    System.out.println("请输入该学生的姓名");
                    s.setName(scanner.next());
                    System.out.println("请输入该学生的性别");
                    s.setSex(scanner.next());
                    System.out.println("请输入该学生的年龄");
                    s.setAge(scanner.nextInt());
                    System.out.println("请输入该学生的系别");
                    s.setDepartment(scanner.next());
                    studentslist.add(s);
                    System.out.println("添加成功");
                }
            }
        }

        public void add( int   num) {// 添加学生信息


            for (int i=0;i<=num;i++)
                studentslist.add(new Student("00"+i,"小王"+i,"女",20-i,"软工"));
            System.out.println("添加成功");



        }
        public void show() {// 查看学生信息
            System.out.println("这些学生的学号，姓名，性别，年龄，系别 分别为");
            for (Student s : studentslist)
                System.out.println(s.getUserNo() + "\t" + s.getName() + "\t"
                                        + s.getSex() + "\t" + s.getAge() + "\t"
                                        + s.getDepartment());
            System.out.println();
        }

        public void update() {//修改学生信息
            System.out.println("请输入要修改信息的学生学号");
            String stunumber = scanner.next();
            for (Student s : studentslist) {
                if (stunumber.equals(s.getUserNo())) {
                    System.out.println("请输入要修改的学生的姓名");
                    s.setName(scanner.next());
```

```
                        System.out.println("请输入要修改的学生的性别");
                        s.setSex(scanner.next());
                        System.out.println("请输入要修改的学生的年龄");
                        s.setAge(scanner.nextInt());
                        System.out.println("请输入要修改的学生的系别");
                        s.setDepartment(scanner.next());
                        return;
                    }

                }
                System.out.println("对不起查无此人");

        }

        public void delete() {// 删除学生信息
                System.out.println("请输入要删除信息的学生学号");
                String stunumber = scanner.next();

                for (int i = 0; i < studentslist.size(); i++) {
                    if (stunumber.equals(studentslist.get(i).getUserNo())) {
                        studentslist.remove(i);
                        System.out.println("删除完成");
                        return;
                    }

                }
                System.out.println("对不起查无此人");

        }

        public void sort() {// 按照年龄对学生信息进行排序
                System.out.println("按照年龄对学生进行排序");
                int length= studentslist.size();
                Collections.sort(studentslist);
                this.show();
        }
}
```

10.3.2　主程序 SISMain 的设计与实现

主程序实现系统功能，用户通过输入数值进行选择，输入“1”，进行学生信息添加；输入“2”，进行学生信息查看；输入“3”，进行学生信息修改；输入“4”，进行学生信息删除；输入“5”，进行学生信息按年龄从低到高排序；输入“6”，退出本操作系统；输入“7”，进行批量添加。主程序实现代码如下。

```
import java.util.ArrayList;
import java.util.List;
import java.util.Scanner;

public class SISMain {

        public static void main(String[] args) {
            List<Student> studentslist = new ArrayList<Student>();

            Scanner scanner = new Scanner(System.in);
            StudentUtil stuUtil = new StudentUtil(studentslist);
            // 需求：制作一个简单的学生信息管理系统，通过键盘选择操作进行添加学生
            // 的信息（学号、姓名、性别、年龄、系别），这些信息通过数组存储，同时
            // 还可以进行查询某个或全体学生信息、修改学生信息、删除学生信息的操作。
            //（要求有一定的优化，例如对用户输入信息是否符合要求进行处理）。
            int choice;

            System.out.println("这是一个学生信息管理系统，欢迎您对本系统的使用");
            while (true) {
                System.out.println("1.学生信息添加");
                System.out.println("2.学生信息查看");
                System.out.println("3.学生信息修改");
                System.out.println("4.学生信息删除");
                System.out.println("5.学生信息按年龄从低到高排序");
                System.out.println("6.退出本操作系统");
                System.out.println("7.批量添加");
                System.out.println("请输入你要进行的操作");
                choice = scanner.nextInt();
                if (choice == 6)
                    break;
                switch (choice) {
                case 1:
                    stuUtil.add();
                    break;// 添加学生信息
                case 2:
                    stuUtil.show();
                    break;// 查看学生信息
                case 3:
                    stuUtil.update();
                    break;// 修改学生信息
```

```
                case 4:
                        stuUtil.delete();
                        break;// 删除学生信息
                case 5:
                        stuUtil.sort();
                        break;// 按照年龄从低到高排序
                case 6:
                        system.exit(1);
                        break;// 退出本操作系统
                case 7:
                        stuUtil.add(8);
                        break;// 批量添加
                }
        }
        System.out.println("感谢您对本系统的使用，欢迎下次继续使用");

    }

}
```

运行主程序 SISMain，首先显示系统主界面，如图 10-11 所示。

选择要进行的操作，这里选择 1，将会出现学生信息添加界面，如图 10-12 所示。

```
这是一个学生信息管理系统，欢迎您对本系统的使用
1.学生信息添加
2.学生信息查看
3.学生信息修改
4.学生信息删除
5.学生信息按年龄从低到高排序
6.退出本操作系统
7.批量添加
请输入你要进行的操作
```

图 10-11 系统主界面

```
1
请输入该学生的学号
110
请输入该学生的姓名
张敏
请输入该学生的性别
女
请输入该学生的年龄
19
请输入该学生的系别
软件工程
添加成功
点击任意数字键继续添加学生信息，停止添加输入0
0
1.学生信息添加
2.学生信息查看
3.学生信息修改
4.学生信息删除
5.学生信息按年龄从低到高排序
6.退出本操作系统
7.批量添加
请输入你要进行的操作
```

图 10-12 学生信息添加界面

选择 7 批量添加功能，默认向系统批量添加学号为“000-008”9 个学生的信息，批量添加后，选择 2，查看学生信息，则出现图 10-13 所示的学生信息查看界面。选择 3 则出现信息修改界面，输入要修改学生的学号，若修改的学生学号不存在，则输出“对不起查无此人”信息，如图 10-14 所示。若

学号正确，则要求输入该学生的各项修改信息，完成对学生信息的修改，如图 10-15 所示。选择 4 删除功能，同样输入想删除的学生的学号，若存在，则显示"删除完成"信息，如图 10-16 所示，否则显示"对不起查无此人"信息。选择 5，则按照年龄对学生信息进行升序排序，如图 10-17 所示。选择 6 则退出系统，如图 10-18 所示。

```
7
添加成功
1.学生信息添加
2.学生信息查看
3.学生信息修改
4.学生信息删除
5.学生信息按年龄从低到高排序
6.退出本操作系统
7.批量添加
请输入你要进行的操作
2
学号    姓名    性别    年龄    系别
110     张敏    女      19      软件工程
000     小王0   女      20      软工
001     小王1   女      19      软工
002     小王2   女      18      软工
003     小王3   女      17      软工
004     小王4   女      16      软工
005     小王5   女      15      软工
006     小王6   女      14      软工
007     小王7   女      13      软工
008     小王8   女      12      软工
```

图 10-13　学生信息查看界面

```
请输入你要进行的操作
3
请输入要修改信息的学生学号
114
对不起查无此人
1.学生信息添加
2.学生信息查看
3.学生信息修改
4.学生信息删除
5.学生信息按年龄从低到高排序
6.退出本操作系统
7.批量添加
```

图 10-14　学生信息修改界面——修改的学号不存在

```
请输入你要进行的操作
3
请输入要修改信息的学生学号
000
请输入要修改的学生的姓名
王小明
请输入要修改的学生的性别
男
请输入要修改的学生的年龄
21
请输入要修改的学生的系别
软件工程
```

图 10-15　学生信息修改界面——修改的学号存在

```
请输入你要进行的操作
4
请输入要删除信息的学生学号
001
删除完成
1.学生信息添加
2.学生信息查看
3.学生信息修改
4.学生信息删除
5.学生信息按年龄从低到高排序
6.退出本操作系统
7.批量添加
```

图 10-16　删除功能界面

```
请输入你要进行的操作
5
按照年龄对学生进行排序
学号    姓名    性别    年龄    系别
008     小王8   女      12      软工
007     小王7   女      13      软工
006     小王6   女      14      软工
005     小王5   女      15      软工
004     小王4   女      16      软工
003     小王3   女      17      软工
002     小王2   女      18      软工
110     张敏    女      19      软件工程
000     王小明  男      21      软件工程
```

图 10-17　按照年龄对学生信息进行排序

```
请输入你要进行的操作
6
感谢您对本系统的使用，欢迎下次继续使用
1.学生信息添加
2.学生信息查看
3.学生信息修改
4.学生信息删除
5.学生信息按年龄从低到高排序
6.退出本操作系统
7.批量添加
```

图 10-18　退出系统界面

10.4 项目说明

本系统基于控制台界面，功能及界面实现比较简单，对于学生信息的存储使用动态数组 ArrayList 来实现，也可以使用 Student 类型的静态数组来实现。静态数组在定义时就已经在栈上分配了空间大小，在运行时这个大小不能改变，而动态数组的大小是在运行时给定的，即运行时在堆上分配一定的存储空间，同时还可以改变其大小。Java 语言中动态数组使用 ArrayList 来实现，它是 Java 集合的一种，无论动态数组还是静态数组，它们存储的数据都是在内存中的。在本章实现的 SISMain 中，当退出系统重新进入时，前一次录入的成绩信息全部丢失。这是因为这些数据只存储于系统内存中，一旦应用程序退出，其所占用的内存空间会被释放。利用 Java 高级程序设计中的输入/输出流或者 JDBC 编程，可以将数据永久保存于文件或数据库中，实现数据的持久化存储，这样即使退出应用程序也不会造成数据的丢失。关于输入/输出流、JDBC 编程以及把项目界面改成图形界面的 GUI 程序设计，我们将在 Java 高级程序设计中学习，应用这些功能，可以对项目进行完善，使项目拥有更好的用户体验。